「原発」、もう一つの選択

「使用済み核燃料」を処理できる原子炉がある

テクノロジスト
金子 和夫

「第三の道」への緒言

二〇一二年三月、私は『「脱原発」で本当に良いのですか?』というタイトルの著作を上梓(ごま書房新社刊)しました。

ご承知のように、その前年に起きた三・一一東日本大震災、とりわけ福島第一原発の事故で日本中に「脱原発」の声が一挙に噴出し、少しでも異論を唱えることは悪であるかのような風潮になってしまいました。

事故直後、私は愛する土地を離れることを余儀《よぎ》なくされ、不自由な生活を強いられている被災地の方々のことを思うといたたまれず、日本経済を支えるエネルギー問題や二酸化炭素の増加など環境面への視点は差し置いても、「脱原発」への流れは仕方がないかも知れないと考えていました。

私は中央大学工学部で原子物理学を学び、卒論は「最近の高速中性子による核反応」がテーマでした。従って、原子力エネルギーに関しては六〇年ほど前から関心を抱いてきました。原子力発電は、核反応で生じる一〇〇〇万度もの、途方もない温度を操作して得る、原子力エネルギー利用技術の所産です。核反応を利用するというのは本来、極めて危険なことです。今回の事故は、その危険性に目をつぶって、あえて言えば政治的な〝安全神話〟を信じてきたツケが回ったとしか考えられません。

使用済み核燃料はトリウム液体燃料で処理

もともと原発は、安全性を可能な限り講じても、使用済み核燃料の処理が大問題でした。この処理の見通しもないまま稼働していた福島第一原発で、あってはならない事故が起きたのです。

そんな折り、使用済み核燃料の処理が容易にできる方法があることを、元東大総長であり文部大臣・科学技術庁長官などを歴任された、我が国の原子核物理学の泰斗《たいと》・有馬朗人先生から教えて頂きました。それは、「トリウム熔融塩炉を考える会」が主催した講演会に寄せられた有馬先生のメッセージに端的に示されています。

『トリウム熔融塩炉は、放射性廃棄物の発生も非常に少なく、プルトニウムも発生しない、且《か》つ使用済み核燃料の最終処理もしやすいという利点があります。したがって、トリウム熔融塩炉の技術開発を早急に進めるべきです。この「緊急に求められている後始末という大問題を解決する仕事」に加えて、トリウム熔融塩炉の技術開発を行うことで、人も育つし、原子力に関わってきた多くの人達の職場も維持されます。』（全文は本書152ページに掲載）

私は、この有馬先生の知見に限りない勇気を頂きました。胸が震えるような感動を覚えました。そこで、大震災を機に沸き起こった感情論的な「脱原発」ではなく、私なりに考えていたことを書き溜めました。ある程度まで書いたところで、原稿を知人を介して有馬先生にお渡し、一週間ほど後に学園長を務めておられる武蔵大学にお伺いしました。そして、思いもかけず先生は、「良く書けているから、私のメッセージも載せて早く出しなさい」と言ってくださったのです。

そのような訳で、拙書『「脱原発」で本当に良いのですか?』は、世に出たのでした。

有馬先生が待望されていたトリウム熔融塩炉とは、今から半世紀ほど前に米国オークリッジ国立研究所で実験炉として四年間(一九六五~六九)、無事故で運転し、安全が証明されていた原子炉です。

当時、渡米して、これを見学した古川和男博士は、トリウム熔融塩炉に未来の原子力の大いなる可能性を見出し、研究開発に着手しました。ところが、米国ではこの原子炉の実用化をストップしてしまったのです。その最大の理由は、トリウムはウランのように原子爆弾を製造するために必要なプルトニウムを生み出さないからでした。この経緯については、第二章に詳述します。

原子力施策に関しても米国に追従せざるを得ない日本では、トリウム熔融塩炉の開発については消極的で、そのため古川博士の研究は無視されてきました。博士は、福島の原発事故直後に『原発安全革命』（文春新書・二〇一一年五月刊）を上梓され、危険なウランから安全なトリウムへの燃料革命を提唱されましたが、同年十二月十四日、急逝されました。

その遺志は、ＮＰＯ法人トリウム熔融塩国際フォーラム（二〇〇八年設立）や、博士の実弟である古川雅章氏が代表を務める株式会社トリウムテックソリューション（ＴＴＳ）に引き継がれています。私は縁あって、古川博士の遺志の実現のお手伝いをすることにしました。

今、日本は「脱原発」か「原発依存」かで、世論は二分しています。しかし、どちらを選択するにしても、さまざまな課題が人々の生活と安心を脅かすことになるのは明らかです。

特に、「脱原発」でも「原発依存」でも、使用済み核燃料の処理は早急に進めなければならない最重要課題です。国内にはすでに一万七〇〇〇tもの使用済み核燃料が貯まっており、これをどのように処理するかが喫緊《きっきん》の大問題です。解決策がない状態のまま、放置してきたのですが、原子力の〝負の遺産〟である使用済み核燃料を、未処理のまま後世に残すのは、あまりにも無責任と言わざるを得ません。

トリウム熔融塩炉で「原発」の現状を打開

私が前著で『「脱原発」で本当に良いのですか?』と問うたのは、「脱原発」と「原発依存」という二者択一の選択でなく、もう一つの選択肢があることを示したかったからです。

それが、トリウム熔融塩炉という液体燃料を使用する原子力発電です。

核反応を引き起こす核物質はウラン以外にもう一つ、トリウムがあるのですが、その存在は一般的には、ほとんど知られていません。従って、「原発＝ウラン」という結び付きのみで語られることが多いのです。

私たちが提案する「第三の道」には、古川博士が四〇年余にわたって研究開発された成果を、「原発」の現状を打開する方途《ほうと》として世に役立てたいという思いが込められています。

それは、ウラン(固体)からトリウム(液体)へと燃料を転換することによって、今日の原子力が抱えるさまざまな問題点が解決できると考えるからです。

私たちは、これを「液体燃料による原子力の再構築」の試みとして、すでに具体化への歩みを始めています。

そのプロセスは、以下の通りです。

① 使用済み核燃料の処理

トリウム熔融塩炉の実用化の前段階として、トリウム熔融塩液体による使用済み核燃料の処理に着手します。

具体的には、使用済み核燃料をフッ化ガスで処理したプルトニウム等をトリウム熔融塩液体と混合して、カプセル内に封入。これを軽水炉の中に燃料棒の一部として挿入し、ウラン棒と同居して燃焼させる方法です。こうすることで、使用済み核燃料の処理問題が解決できるのです。

これを私たちは、原子炉の中に入れた原子炉という意味で〝リアクター、イン、リアクター〟即ち「Ｒ ｉｎ Ｒ」方式と呼称しています。

この方式は、今ある軽水炉はそのままの状態で実行できる利点があります。つまり、使用済み核燃料の処理・処分問題に、解決の糸口が見い出せるということです。

すでに、「ＲｉｎＲ」の実証のために、国際機関であるＯＥＣＤハルデン炉プロジェクトなどとの提携を進めています。

②熔融塩液体のみを使う超小型原子炉の開発

「ＲｉｎＲ」の開発によって確立した熔融塩燃料技術の展開として、熔融塩液体燃料・熔融塩冷却原子炉の開発に取り組みます。

この原子炉は、使用済み核燃料をフッ化処理し、これにトリウム熔融塩を加え中性子を入れて核反応を起こさせるとともに、冷却媒体に別の熔融塩液体を使用します。

軽水炉に代表される原発は、冷却のために大量の水を必要とする湿式システムですが、トリウム炉はフッ化物の燃料と冷却もフッ化物の熔融塩を使う乾式システムです。冷却水が不要というのは、原発の安全を担保する上で大事な条件となります。このシステムを、私たちは「F3R」と命名しました。

③ トリウム熔融塩炉の開発

「F3R」の技術の延長線上にあるのが、熔融塩液体燃料を冷却媒体としても使う原子炉、即ち「トリウム熔融塩炉」です。古川和男グループによって、すでに設計は完成しています（本書148ページ）。

私たちは、①～③の開発のプロセスに約二〇年を見込んでいます。

ちなみに、「RinR」も「F3R」も、すでに特許申請済みです。

詳細については、第四章及び資料編・液体燃料による原子力再構築の概念（本書159ページ）をご参照ください。

なお、本稿をまとめるにあたって、古川雅章氏に提供して頂いた資料、及び「トリウム熔融塩炉の開発の現状について」（NPO法人トリウム熔融塩炉国際フォーラム／吉岡律夫・木下幹康・二〇一三年五月）、並びに『トリウム原子炉の道 世界の現況と開発秘史』（リチャード・マーティン著・野島佳子訳・朝日選書・二〇一三年刊）を参考にさせて頂いたことを、お断りしておきます。

二〇一四年末、政府は「原発の再稼働」を容認する方向性を打ち出しました。一五年は「原発再稼働元年」になることは、もはや明らかです。それに伴い、「脱原発」の声もますます高まっていくでしょうが、代案もないまま反対を唱えるだけでは何の解決にもなりません。この機会に、「原発再稼働」を支持される方も、「脱原発」あるいは「原発廃止」を主張される方も、共々に、現状を打開する「第三の道」がここにあることに目を見開いて頂きたいのです。

「原発」、もう一つの選択〈目　次〉

第二章　原子力の歴史

第三章　世界の「原発」事情

【主な掲載図表】

第一章

「原発」をめぐる課題

代替エネルギーの今後は？

福島の事故直後、「脱原発」への流れが急速に進展した結果、政府のエネルギー政策が迷走しました。

その一つが、原発の稼働停止に伴う原子力の代替エネルギーとして緊急避難的に採用された火力発電です。これを促進するために、政府が石炭火力の新設を解禁した結果、国の環境影響評価（アセスメント）の対象にならない出力一一万二五〇〇kw未満の小規模な石炭火力発電所が急増し、地球温暖化の原因となる二酸化炭素の排出が新たな問題となりました。原油や天然ガスに比べて発電コストが安い石炭をベース電源とする火力発電には、言うまでもなく大気汚染という難点があるのです。

もう一つは、原発事故当時の菅総理が辞任と引き換えに要求し、二〇一二年七月からスタートした「再生エネルギーの認定価格買取り制度（ＦＩＴ）」をめぐる混乱です。これは、太陽光、地熱、風力、バイオマスなどの再生エネルギーによる発電量の全量を最長二〇年間、固定価格で電力会社に買い取り義務を課し、コストを電力会社が電気料金に上乗せする制度です。

しかし、再生エネルギーはいずれも技術的に未完成で、天候に左右されるため、供給量が不安定でコストが高く、ベース電源とはなり得ません。混乱の原因は、再生エネルギーの容量の九六・一％が太陽光発電だったことです（二〇一四年六月）。太陽光発電は昼間と夜間、晴天と雨天では供給量がそれぞれ一〇〇対〇という極端な割合で、安定供給を課せられる電力会社にとっては厄介な電源です。そのため電力五社は、一四年末に新たな再生可能エネルギーの受け入れ手続きを停止しました。

政府が電力会社に太陽光などの発電を制限しやすくする対策を示したことで、ようやく手続きが再開されましたが、二〇一五年以降は抜本的見直しがなされることになりました。太陽光発電についてはドイツが一九九一年から約二〇年間にわたって一〇兆円もの税金を使って推進してきた結果、総電力量に占める割合が三%にしかならなかったことで撤退した経緯があります。これを教訓としていたなら、このような迷走は避けられたはずです。

軽水炉（原発）と他のエネルギーの発電コストの比較を（表1）に示しました。発電コストを燃料費＋設備償却費＋運転費という構成で見ると、太陽光、風力などの自然エネルギーは当然、燃料費がゼロです。次いで安いのは、軽水炉（0・1）です。コストの構成において、原発は自然エネルギーに似ています。設備償却費はすでに投下されているので計算上はコストになりますが、実際の持ち出しはありません。

福島の事故後、従来のコスト計算に含まれていなかった発電後の工程であるバックエンドにかかる費用を加えた発電コストが改定されました。その結果、従来よりも三円ほど高い八・九円／kwhとなりました。もし廃炉ということになると、すでに投下した設備費の未償却分の費用が経営を圧迫します。電力会

【表1】

発電コストの比較（その１）

円 /kwh

	設備償却費	燃料費	運転費	合計
軽水炉（安全対策済み）	8.9	0.1	1.0	10.0
石炭	2.8	1.8	1.0	5.6
天然ガス	1.0	2.8	1.0	4.8
風力	17.4	0	1.0	18.4
太陽光	22.5	0	1.0	23.5
バイオマス	4.0	4.7	1.0	9.7

社が原発再稼働を強く望むのは、こういった事情もあるからです。

「エネルギーミックス」という言葉があります。これは日本が原発を再稼働せずに化石燃料発電に依存し続けると、国際的に足元を見られ高い価格の化石燃料を押し付けられる可能性があり、原発を持つことは電力コストの安定のために絶対必要という考えです。

原発の場合は、燃料であるウランが発電コストに占めるウエイトが低く、当面、ウラン価格が高騰する危険が少ないので、電力コストの安定に寄与するとされています。

無論、燃料費ゼロの自然エネルギーが主役になれば、電力コストはもっと安定します。しかし、現状では設備費が高く、自然エネルギーのウエイトを上げることは、全体の電力コストを引き上げることになります。自然エネルギーがコスト的に他のエネルギーと同等になるまでは、まだ相当の年月が必要と思われます。

再稼働への歩みは始まった!

原発の稼働停止による代替エネルギーとして火力発電にシフトしたことで、政府は「温室効果ガスの削減目標が立てられない」と、将来の原発割合についての検討に着手しました。原発事故前の「エネルギー基本法」(二〇一〇年)では、二〇年後の二〇三〇年の原発割合の目標を五三%にするとしていたのですが、一五年夏までに目標値を二〇%前後に修正する方向のようです。つまり、政府はあと一五年の「原発依存」を想定してエネルギー政策を考えているのです。

このことは、つまり、原発の再稼働を容認するという政府の意思表示にほかなりません。

実は、再稼働への伏線は、二〇一四年末にもありました。その契機となったのが総選挙で、圧倒的多数を維持した自民党の公約では原発を「安全確保を大前提に、重要なベースロード電源と位置付ける」とした上で、再稼働を容認する立場を明確にしていました。それと歩調を合わせるかのように、新基準をクリアした九州電力・川内《せんだい》原発（十一月・二基）と関西電力・高浜原発（十二月・二基）が、再稼働へと一歩歩みを進め、この四基は二〇一五年に再稼働する見通しとなったのです。

私は、原発問題は「賛成か、反対か」とか「存続か、ゼロか」といった二者択一の政治手法で国民に問うべきではないと考えてきました。さらに、新基準に適合したからとして終着点（核廃棄物の最終処分場）を見定めないまま、やみくもに前へ進もうというのでは、福島の事故の教訓を未来に生かせないのではないかと危惧《きぐ》しています。

とはいえ、原発問題は政治が関わらなければ解決しないのも事実です。要は、現状の諸問題を解決するには政治決断がどうしても必要なのです。そのためにも、国民・住民の代表である政治家の方々には、せめて原発に関する正しい知見を持って判断してほしいと思います。

そして、何よりも後世への〝負の遺産〟としないように、「使用済み核燃料の処理と核廃棄物の最終処分場の決定」という、最重要課題の〝最善の解《かい》〟を導き出す努力を傾けて頂きたいのです。

ちなみに、総選挙での主要政党の原発・エネルギー政策をめぐる公約要旨（次ページの表2）では、いずれも「二者択一」の範疇《はんちゅう》でしか原発問題を捉えていないのではないかと思われます。これでは、論議は今後も堂々巡りを続けるだけです。

本書を、与野党問わず一人でも多くの政治家の方々にも読んで頂き、原発・エネルギー政策を立案、実行する上での参考にして頂きたいと願ってやみません。

【表2】 総選挙での主要政党の原発・エネルギー政策をめぐる公約要旨

2014年12月・産経新聞より

政党	公約要旨
自民党	原子力は重要なベースロード電源で活用。原子力規制委の新規制基準に適合する原発は再稼働
民主党	二〇三〇年代原発ゼロへあらゆる政策資源を投入。責任ある避難計画なしに再稼働すべきではない
維新の党	電力自由化の推進で既設原発はフェードアウト。「核のゴミ」最終処分の解決なくして再稼働なし
公明党	「原発に依存しない社会・原発ゼロ」を目指す。再稼働は国民・住民の理解を得て判断
次世代の党	電源構成多様化による脱原発依存体制の構築。世界最先端の原子力技術の維持
共産党	原発再稼働に反対。「即時原発ゼロ」を決断し、全原発でただちに廃炉プロセスに入る
生活の党	原発の再稼働・新増設は一切容認せず、原発は全廃し、再生可能エネルギーを急ピッチで普及
社民党	原発の再稼働は一切認めず、新増設を全て白紙撤回。再生可能エネルギーを促進

事故の教訓は生かされたのか？

福島の原発事故からどのような教訓が得られたのでしょうか？

いろいろな検証がなされていますが、政治的な対応ばかりが論じられているような気がしてなりません。科学的な視点が、あえて避けられているように思うのは私だけでしょうか。事故直後の「脱原発」の雰囲気の中、はっきりと分かったことがありました。

東京電力・福島第一原発の事故は、巨大地震と巨大津波をきっかけにして起こりました。しかし、福島よりも震源に近く、やはり巨大地震と巨大津波に見舞われた東北電力・女川《おながわ》原発（宮城県）の三基は、福島のような水素爆発事故と炉心熔融（メルトダウン）という最悪の事態に至ることはなかったという事実です。

原発には、緊急事態が発生した時のために、安全を担保する上での三つの備えがあります。第一は、炉心内での核分裂連鎖反応をコントロールするための「制御棒《せいぎょ》」。第二は、炉心から冷却水が漏《も》れた場合に備えた「緊急炉心冷却装置」。第三は、外部電源が喪失した場合に安全系統に電気を送るための「非常用電源（ディーゼル発電機）」。

女川原発と福島第一原発の明暗を分けたのは、非常用電源でした。

女川の場合は一時、1号機の外部電源が変圧器の故障で使用不能になりましたが、非常用ディーゼル発電機で一一時間冷却を行った結果、復旧しました。さらに、2、3号機の外部電源喪失は見られませんでした。

女川原発は、過去に起きた三陸沖巨大地震などを教訓とし、立地の地理的条件を考慮し、海抜一五mの高台に建設されました。また、非常用電源も山側にありました。そのため巨大津波（高さ一四～一八m）の被害を最小限に食い止められたのです。

一方、福島では巨大地震発生直後、運転中だった三基（1号機～3号機）は自動的に制御棒が挿入され炉心の核分裂反応は停止。非常用ディーゼル発電機は起動したのですが、直後に襲った巨大津波によって事態は悪化しました。冷却機能が働かずに大量の水素が発生し、1、3号機の建物と、3号機とつながっている4号機の建物が水素爆発で壊れました。4号機は定期点検中で運転を停止していて炉心には燃料がなかったものの、使用済燃料プールで火災・爆発が起きてプールが大破。結局、四基の原子炉が過酷事故を起こしてしまったのです。

この過酷事故は、非常用電源を海側に配置していたため、津波による冠水で機能しなくなったことが引き金になって起こったのです。ちなみに、福島第一原発には他に5、6号機という原子炉があるのですが、山側に配置していた6号機の非常用ディーゼル発電機が稼働したため二基とも過酷事故を免れることができました。

福島の事故直後、私は元・電力中央研究所名誉特別顧問の服部禎男博士からさまざまなご教示を受けました。なかでも印象的だったのが、福島の原発に関して設計当初に東京電力にある提案をしたところ「そんな無駄なことはできない」と言われたという話でした。

その提案とは、非常用発電機を、別々の場所に、別の種類のものを設計の三倍の一二台にして、常時稼働させておくべき、というものでした。しかし、コスト優先の東電側はその提案を一蹴《いっしゅう》したそうです。「あの時、僕の提案を採用していたら爆発事故は防げたはず」と、博士は歎《なげ》き憤《いきどお》っておられました。

服部博士のこの知見は、原発の再稼働の判断基準の絶対条件とすべきではないかと思います。この教訓を分かりやすくまとめれば、次のようになります。

非常用電源は、

①別々の場所に（平地だけでなく高台などにも）

②別の種類のものを（異なる原理の電源）

③予定の三倍の台数（数が多いほど対応力が高まる）
④常時稼働させておく（万一の時の担保として）
を絶対条件とする。

原発事故後、原子力規制委員会によって原発の新たな規制基準が策定され、「改正原子炉等規制法」が二〇一三年七月に施行されました。例えば、電源に関しては全電源喪失による事故の反省を踏まえ、外部電源を二系統にするほか電源車を配置するなど、電気確保のルートを増やすことが義務付けられました。

しかし、この新基準で万全なのかについては、懐疑的な意見もあります。新基準をクリアするために必要な多額の経費が本当に効果があるのか、電力会社にとって〝無駄な出費〟ということにならなければ良いが、という懸念があることも事実です。

もう一つの教訓は、万一、重大事故が起きた時、放射能の拡散を最小限に食い止めるために、原発上空から撒《さん》水するためのスカイクレーンやスーパータンカーなどの飛行機による**バックアップ体制を整備しておかなければならない**という点です。米国では、スリーマイル島原発事故（一九七九年）の教訓から、この体制の整備が進んでいて、福島の事故の時も支援の申し出があったにもかかわらず、残念ながら実行されませんでした。

原発事故の可能性は、原発を積極的に推進している中国にもあります。もし中国で事故が起きた場合は、放射能が偏西風に乗って日本に飛来します。その時、日本にスカイクレーンやスーパータンカーがあれば、お互いに放射能被害を少なくすることができるはずです。原発の新規制基準には、このようなバックアップ体制の開発・整備に関しても積極的な論議がなされた形跡が見られません。

福島の原発事故の教訓は本当に生かされたのか、私は疑問を持たずを得ないのです。

「二者択一」に〝最善の解〟はない！

実は、新規制基準の策定は、原発の再稼働に必要な措置だったという見方があります。確かに従来の規準に比べれば規制は大幅に強化されたようですが、福島の事故が現在進行形の状態で、しかも原因の解明が不完全なまま再稼働に踏み出すのは、拙速《せっそく》過ぎるのではないかとの思いを禁じ得ません。

福島の事故以降、わが国の原発は全基が約一年四カ月稼働を停止しています（二〇一五年一月末現在）。その間、国内では「脱原発」と「原発依存」の両論が、激しくせめぎ合う状況が続いてきました。

私が気になったのは、「脱原発」の理由として語られる〝原発が稼働していない状態でも電力は不足していないではないか〟という主張です。これには、原発停止で代替の火力発電所用の原油や天然ガスの輸入が急増している事実が見落とされているのではないでしょうか？

ちなみに、二〇一一年度～一四年度の約四年間で、火力発電の燃料費は実に合計一二・七兆円も増加しています（経済産業省試算）。原発が稼働ゼロになってからの貿易収支は赤字続きで、一三年には貿易赤字が過去最大となる一一・五兆円超を記録しました。巨額の貿易赤字が今後も続けば、国内資産だけでは財政赤字をカバーできなくなり、国家経済の破綻が早まる恐れすらあります。

まして、火力発電に依存せざるを得ない状態が続くと、二酸化炭素排出による温暖化問題はますます深刻化し、国際的な信頼を失うことは明らかです。「脱原発」を主張する以上は、その代案を出さなければ「空理空論に過ぎない」とみなされても仕方がないでしょう。

しかし、私は安易《あんい》に「原発依存」に与《くみ》するつもりもありません。科学技術者として、ものごとを考える際に私が重視してきたのは、「狭く、深く、そして広げる」ということです。「狭く」とは専門化であり、「深く」とは縦（本質）

へと掘り下げて行く深化、そして到達したところで今度は横へと「広げる」のです。この縦横の思考のプロセスで大事なのは、そのつど「仮説を立て、検証し、解《かい》を出す」ことです。もし仮説が立証できなければ、潔《いさぎよ》く仮説を捨てる勇気が必要です。その結果、〝最善の解〟が得られると思うのです。

従って、〝反対〟か〝賛成〟かといった「二者択一」の論議に終始するだけでは、現実的課題を解決する最善の方法を見出すのは困難と言わざるを得ないでしょう。

私が、トリウム熔融塩炉という液体燃料を使用する原子力発電に原発問題を解決する上での〝解〟を見出すことができたのも、「狭く、深く、そして広げる」という思考のプロセスがあったからとだけ、ここでは述べておきます。

原発は本当に安全か？

福島の事故を境として、原子力を取り巻く状況は一変しました。それまでは、地球温暖化の元凶は二酸化炭素と考えられ、最も有力な非化石エネルギー源として原子力が最有力視され、経済産業省の予算の多くが原子力関連につぎ込まれてきたのです。

それなのに、日本の原子力政策は福島の事故が起きなかったとしても早晩、行き詰まるであろうとも言われていました。**従来型原発の問題は、①安全性、②核廃棄物の処分、③核拡散、です。**この三つの根本問題を抱えたままでは、原子力発電の未来は明るいとは言えません。

原発が人々に不安を与える最大の原因は、安全性に対する疑問です。何らかの原因で原発が事故を起こして破壊されると周辺に放射能を撒《ま》き散らし、その地域に人が住めなくなります。過去にはスリーマイル島原発（米国・一九七九年)、チェルノブイリ原発(旧ソ連邦ウクライナ共和国・八六年)の大事故があったにもかかわらず、日本では万全の安全対策を講じているから大丈夫だとの〝安全神話〟が流され、国民の大半は「事故は起きない」と信じてさせられてきたのです。

この、作られた〝安全神話〟がもろくも崩れ去ったのが、福島の事故でした。爆発事故を起こした四基の軽水炉は、商業用原子炉としては初期に建設されたもので、事故当時ですでに三一～四〇年も経っていた古い炉でした。加えて、安全設備の自動化の遅れなど、安全対策は万全とは言えなかったのです。

軽水炉の最大の問題点は固体燃料の水冷却にあり、何かの原因で水の供給が止まると燃料の破損や熔融が起きて大事故に直結します。福島の事故も、巨大津波によって冷却水循環ポンプの電源が失われたことで起きました。

原子力発電は、核物資を燃料として原子炉の中で核反応を起こさせ、その際に生じる熱で水を水蒸気に変えてタービン発電機を回す、というのが一般的な方式です。原子炉の問題点は、炉心に膨大な放射能が蓄積されていることです。放射能から放射線が出る時、それが熱に変わるため原子炉を常時、冷却しておかないと、燃料が破損したり熔融したり、最悪の場合は炉心熔融（メルトダウン）という事態を招きます。

原子炉の冷却材には、軽水（通常の水）、重水（通常の水より比重が大きい水）、ガス（二酸化炭素・ヘリウム）などがあります。なかでも軽水炉は米国で原子力潜水艦用に開発された経緯があり、炉心は極めてコンパクトに作られ経済性が高いことから、世界の原子炉の主流になっています。それだけに、福島の事故は軽水炉の安全性に関して、原発を持つ各国に大きな衝撃を与えました。

軽水炉を原発の主流にしている以上、原発は〝絶対安全〟とは言えないのです。であるならば、従来のものとは全く別の発想から生まれ、本当に安全性が担保される原子炉開発の扉を開くべきだと、重ねて強調したいのです。

【表3】

原発の分類

（例）減速材を基準にした分類

軽水炉	通常の水を減速材として使用。 通常は減速材が冷却材も兼ねる。	沸騰水炉型 加圧水炉型
重水炉	水素の同位体である重水素を減速材とするが、軽水より高価なのが難点。	
黒鉛炉	炭素からなる黒鉛は水に次ぐ減速機能を持つため、主にガス炉の減速材として使用。	
高速炉	減速材を使わず、核分裂に伴う高速中性子を利用する。	高速中性子炉 高速増殖炉

（例）開発ステップによる分類

ステップ1	実験炉	開発初期の原発
ステップ2	原型炉	小規模な発電をする原発
ステップ3	実証炉	経済性を実証する原発
ステップ4	商業炉	実用化された原発

使用済み核燃料の処理をどうする？

原発は事故を起こさないにしても、克服しなければならない絶対的な課題を抱えています。言うまでもなく、使用済み核燃料と放射性廃棄物の処理・最終処分をどうするのか、という問題です。

軽水炉は固体燃料炉であり、燃料は燃料棒の中に密閉されています。核反応の進行に伴い、さまざまな核物質が発生します。なかにはクリプトン、キセノン等のガスで中性子を吸収し、核反応を妨害する物質も生まれます。そのままでは核反応が止まってしまうため、一定期間を経過した時点で燃料棒を新しいものと交換します。この時、取り出されるのが、使用済み核燃料です。

使用済み核燃料の主成分は未反応のウランで、これにはプルトニウムなどの〝超ウラン元素〟やセシウムなどの〝核分裂生成物〟が含まれています。この使用済み核燃料の処理方法が確立されていないため、世界中で大問題になっています。

原発が「トイレなきマンション」と揶揄《やゆ》されるのは、このまま稼働を続けていくと使用済み核燃料が原発内の貯蔵プールを満杯にし、その結果、稼働ができなくなるからです。従って、例え原発が再稼働したとしても、その再稼働可能期間は平均で五年程度、古い原発では二〜三年とも言われています。つまり、いずれ原発は自らが生み出した使用済み核燃料によって身動きが取れなくなってしまうのです。これは、原子炉の開発において使用済み核燃料の処理問題を原子炉自体の問題としてではなく、後処理すなわちバックエンド対策として分離して考えたことが、原子炉のアキレス腱《けん》として改めて突きつけられたと捉えることができます。

使用済み核燃料の処理に関して日本では、化学処理を施し(再処理)、燃え残ったウランと燃料内に新たに生成されたプルトニウムを取り出しています。再処理については当初、英国・フランスと委託契約を結んでいましたが、契約が切れた後は六ヶ所村（青森県）に再処理工場を建設（二〇〇一年完成）して国内の原発から生み出された使用済み核燃料の再処理を行う予定でした。

この再処理工場には二・二兆円も投入したにもかかわらず処理能力は年間八〇〇ｔ。しかも試験段階での放射能放出や高レベル廃液の漏《ろう》えい事故、技術的困難さなどから、いまだに本格稼働には至っていません。仮に稼働できたとしても、核燃料再処理によって取り出されるプルトニウムと高レベル放射性廃棄物の行き先が決まっていません。

核燃料再処理のためには、使用済み核燃料を三～五年以上にわたって冷却し、放射線レベルと発熱量を低減させる必要があります。その方法には、水溶液を用いる「湿式」と、気体状・粉末状・熔融塩状にする「乾式」の二種がありまず。

国内に存在する使用済み核燃料は、福島の事故以前は年間約一〇〇〇ｔずつ増え続けていました。それが今では一万七〇〇〇ｔに達し、保存容量の限界に近付いています。仮に六ヶ所再処理工場が本格稼働したとしても、全てを処理するには二〇年強かかります。その間、原発再稼働になれば使用済み核燃料は貯まる一方で、焼け石に水という状態になるのは目に見えているのです。

また、使用済み核燃料を処理して得られる高レベル放射性廃棄物は、ガラス固体化して地中埋設することになっていますが、極めて強い放射能を有しているため、三〇～五〇年かけて冷却しながら保管したのち、地下三〇〇m以深の地層に埋めることとしています。しかし、安全なレベルに達するまで一万年～一〇万年単位という気の遠くなるほどの年月がかかる〝核のゴミ〟処分場は技術的には可能でも、火山が多く地震大国・日本で安定した地層を探すことは不可能です。さらに、このような計画が候補地の住民の同意を得られるとは思われません。

米国では国家所有の砂漠地帯に、高レベル放射性廃棄物を直接地中埋設するユッカマウンテン処分計画を決定（一九八七年）して建設に着手しましたが、住民の反対運動などで中止（二〇〇九年）に追い込まれました。これによって使用済み核燃料の最終的な行き場がなくなり、さまざまな代替案が検討されています。

原発を持つ国はいずれも核廃棄物の最終処分場（トイレ）を作る必要性に迫られていますが、危険施設ということで住民の反対運動が起きるといったジレンマを抱えています。世界中で唯一、着工された最終処分場がオンカロ（フィンランド）です。ここでは原発の使用済み核燃料を地中深くに保管し、一〇万年かけて毒性を抜くとしています。二〇二〇年から一部で利用が始まることになっていますが、オンカロは同国にある四基の原発のうち二基分しか処分できません。

核廃棄物の最終処分の方法や処分場は、前に述べたように原発本体の開発と切り離してバックエンド対策と考えられてきたために、原発の安全性とは別の難題として持ち上がってきたものです。従って〝原発廃止〟を主張する反面、〝核廃棄物の処理・処分には無関心〟という人が多いのも、残念ながら事実です。

さらに、廃炉で生じる放射性廃棄物は標準型一基あたり五〇万t前後と見込まれています。これらの処理・処分は、原発の有無にかかわらず、早急に解決しなければならない現実的課題です。

廃炉の道筋はどうなる？

廃炉（廃止）問題は、福島の事故を契機に急にクローズアップされました。

前記の「改正原子炉等規制法」では、原発の運転期間は原則四〇年に制限され、原子力規制委員会の認可を得れば最長二〇年の延長が可能になりました。

大事故を起こした福島第一原発の四基は廃炉に向けて作業中で、残った二基も廃炉が決定しました。近くに立地する福島第二原発の四基も運転を休止していますが、住民感情を考えればいずれ廃炉という方向になるのではないかと思われます。

ところで、福島の事故が起きる以前に廃炉に着手した原発があります。日本初の商業炉である日本原子力発電・東海原発（茨城県）は、出力が小さく経済性が低いという理由で一九九八年に運転を終了し、二〇〇一年から解体作業が始まりました。廃炉費用として八八五億円が見込まれていますが、これは当初計画の二三年間で終えると想定してのことです。

また、中部電力・浜岡原発1、2号機の二基は、安全性に問題があるとして二〇〇九年から廃炉に向けた作業が始まっていますが、完了するまで二七年ほどかかります（図1）。経済産業省によると老朽化した原発の廃炉期間は二〇〜三〇年で、施設の除染・解体・廃棄物の処分などにかかる費用は規模の大小によって一基あたり三六〇〜七七〇億円と試算されています。廃炉の手順は、使用済み核燃料を搬出して冷却材等を取り除いた後、放射能が減衰する（五〜

【図1】

廃炉のプロセス（浜岡原発の例）

第４段階	第３段階	第２段階	第１段階
2030年〜2036年	2023年〜2029年	2015年〜2022年	2009年〜2014年
放射性物質を除去後に建屋を解体	原子炉本体の解体	タービン建屋の設備などの解体	配管などの除染 核燃料の搬出

約27年間

※日本経済新聞社（2014年12月19日付記事より作成）

一〇年程度）のを待って、原子炉施設をすべて解体撤去する、というのが基本方針です。

老朽化した原発の廃炉にこれだけの歳月と費用がかかるのですから、炉心熔融が起きた福島第一原発の廃炉までの歳月と費用はもはや想定不可能です。高濃度に汚染された原発の調査ができるようになるまでだけでも一〇年ほどかかり、民間のシンクタンクによれば廃炉費用は最多で一五兆円という試算も出ています。

東京電力は、廃炉作業が完了するま

でに四〇～五〇年かかると見込んでいます。廃炉作業（第二期）は、二〇一三年十一月に燃料が熔けていない4号機の使用済燃料プール内の燃料の取り出しから始め、その後に行う1～3号機の使用済み核燃料の取り出しが完了するまで一〇年超としています。

その間、併行して除染・調査などを進め、メルトダウンを起こした1～3号機の熔けて固まった燃料の取り出し作業ができるようになるまで一〇年としていますが、高い放射線量の中での作業は困難を極め、廃炉作業を続ける現場の方々のご苦労を考えると、今さらながら原発事故の悲惨さが思いやられます。

福島第一原発にはすでに一兆円超の廃炉費用が投入されているとも言われます。ちなみに、原発一基あたりに必要なイニシャルコスト（建設費）は、四〇〇〇～五〇〇〇億円。このことからも、大事故を起こした原発の経済的ダメージの大きさが分かります。

さらに、商業炉ではない日本原子力研究開発機構の新型転換炉の実証炉〝ふげん〟も二〇〇三年に運転を終了し、二八年度までを想定した廃炉作業が進行中ですが、これには七〇〇億円超もの国費が投じられます。

二〇一五年一月、関西電力・美浜原発の1、2号機、中国電力・島根原発1号機、九州電力・玄海原発1号機、日本原子力発電・敦賀《つるが》原発1号機の計五基が〝四〇年ルール〟に従って廃炉を決定、地元自治体との調整に入りました。

これまで原発の廃炉に消極的だった電力会社が前向きになったのは、政府が廃炉にかかる損失（一基あたり二一〇億円程度）を電気料金に上乗せできる会計制度の導入を示したからです。電力会社には、燃料費のコストを利用者に適正な範囲で転嫁《てんか》することが認められていることに加え、廃炉費用も電気料金に加算される――ツケは全て利用者が負う――ことになるのです。

原発は立地する時だけでなく、廃炉についても地元自治体の理解が必要です。原発立地によって雇用が生み出され、「電源三法」による交付金や固定資産税・

事業税などの税収が入ってくるからです。

これらの現実的課題への〝最善の解《かい》〟こそが、トリウム熔融塩液体による、使用済み核燃料の乾式処理であり放射性廃棄物の低減化なのです。

なお、従来の原発の持つ根本問題③の「核拡散」に関しては、第三章で述べます。

第二章

原子力の歴史

一〇〇年前の革命的理論

二〇一五年は、A・アインシュタイン（一八七九―一九五五）が特殊相対性理論を発表してから一〇〇年目にあたります。

この理論の骨子は、従来の物理学が〝物質とエネルギーとは全く別のもので、それぞれ保存される〟としていたのに対して、〝物質（質量）はエネルギーに変換できる〟という革命的なものでした。

アインシュタインのこの仮説は、やがて核物質ウランなどの原子核分裂の際に質量がわずかに減少すると同時に莫大な熱エネルギーを放出する現象として実証されました。核物質の質量の減少分が、熱エネルギーに変換したのです。ちなみに、ウラン一gが核分裂によって放出する熱エネルギーは、石油一t分（一〇〇万g）つまり一〇〇万倍に相当します。

核分裂の際に発生する熱エネルギーを利用したのが、原子力発電です。原子核には陽子や中性子が含まれ、それらの数が多い原子核を持つ原子の中には、外から中性子を当てると原子核が不安定になって二つ以上の原子核に分裂するものがあります。

その代表がウランですが、これにはいくつかの同位体《どういたい》（陽子の数が同じで中性子の数が異なる原子核からなる元素）があり、核分裂を起こす元素はウラン２３５と呼ばれるものです。２３５は、陽子（九二個）と中性子（一四三個）を合わせた数で、原子量を示します。

天然ウランの約九九％は中性子が一四六個のウラン２３８ですが、核分裂を起こさず、劣化ウランとも呼ばれています。一方、ウラン２３５は、天然ウラン中に約〇・七％しか存在しない希少物質です。

ウラン原子（２３５）に中性子を当てると分裂し、平均二・五個の中性子を放出します。

中性子の一つをウラン原子に当て核分裂を起こさせ、その連鎖反応をコントロールしながら、大量に発生する熱を利用して電気を生み出しているのが原子力発電です。

一方、核分裂による熱エネルギー放出を軍事的に利用したのが、原子爆弾です。原子爆弾は、高濃縮したウラン235を使用する〝ウラン原爆〟と、プルトニウム239を使用する〝プルトニウム原爆〟に大別されます。プルトニウム239は自然界にはほとんど存在しない重金属で、原子炉内でウラン238が中性子を吸収することで副産物として作られます。ウラン235に比べ、少量で原爆の作成が可能です。

一九四五年八月、米国は広島に〝ウラン原爆〟を、長崎に〝プルトニウム原爆〟を落としました。一度ならず二度まで原爆を使ったのは、二種類の原爆の効果を実証しようとしたからにほかなりません。

ちなみに、原子爆弾を起爆装置として使う水素爆弾は、核分裂反応よりも膨大な熱エネルギーを発する核融合反応を利用する爆弾です。これを実用化しているのは、米国・ロシア・英国・フランス・中国の五カ国です。

アインシュタインが一〇〇年前に発表した特殊相対性理論は、原子力エネルギーの利用において、発電と爆弾という〝善悪〟両面にわたる成果を生み出しました。なかでも米国は、戦争遂行のためにその豊富な国力を総動員して原発と原爆を開発したのです。


ウラン235が分裂しやすいという仮説（原子核分裂の予想）を発表したことで、その意思に反して原子爆弾開発の重要な理論的根拠にされてしまったのが、N・ボーア（一八八五―一九六二）です。ボーアは一九一三年に原子模型を確立し、原子物理学への貢献によってノーベル物理学賞を受賞（一九二二年）し、量子力学の分野ではアインシュタインと並び称されるほどの学者でした。

一九四三年、ナチスのユダヤ人迫害（母親がユダヤ人）から逃れるためにデンマークから英国を経由して米国に渡ったボーアは、米英の原子力研究が原子爆弾の開発に向かっていることを知って愕《がく》然とします。これを機に、原子力国際管理協定の必要性を訴える活動に専念するようになったのです。

実は、私が大学（中央大学工学部）で核物理学を教わった福田光治先生は、ボーア博士の直弟子の一人でした。それから六〇年ほどを経て、私がこのような形で原子力問題に関わるようになったことに、不思議な縁《えにし》を思わざるを得ません。

それは、潜水艦から始まった…

第二次世界大戦が終わって、東西冷戦時代が始まりました。冷戦の主役として、原子力潜水艦とミサイルが登場しました。

米国が開発した、世界で最初の原子力潜水艦は「ノーチラス」と命名されました。動力源に原子炉を使っているため燃料の補給なしにいつまでも潜航し続けることができます。この原子力潜水艦の開発リーダーに就任したのが、リッコーヴァー海軍大佐でした。

そして、原子力潜水艦に積む加圧水型軽水炉のアイデアをリッコーヴァーに提供したのが当時、オークリッジ国立研究所の物理部門のリーダーで後に所長になるワインバーグでした。ワインバーグは、上司のウィグナー所長と共同で軽水炉に関する数多くの特許を取得していました。

ワインバーグは軽水炉の発明者であり、現在の〝軽水炉時代〟の生みの親と言えます。しかし、ワインバーグは自伝の中でこう述べているのです。「けれども、それは商業用に作られたものではなかったし、ほかの炉型と比べて安価で安全だったから採用されたわけではない。それがコンパクトでシンプルで潜水艦の推進力に適していたからにすぎない。にもかかわらず、海軍がこれを採用したことで、以後作られる発電所を軽水炉が独占していくこととなった」と。

当時、商業炉についてはいろいろな提案があり、どの方式が適しているかは、専門家の間で意見が分かれていました。とりわけ軽水炉が最適かどうかについては、疑問視する声も多かったのです。しかし、「ノーチラス」が完成したことで（一九五四年一月進水）、リッコーヴァーは民間の商用原子力発電所の開発責任者となり、強引ともいえるやり方で、軽水炉の商用化を推進したのです。

軽水炉と並んで有力視されたのが、原子力推進のリーダーだったウィグナーの考えた液体燃料原子炉でした。

液体燃料原子炉である熔融塩炉は、オークリッジ国立研究所において所長のワインバーグの下で実験用原子炉MSRE（図2）の開発として推進されました。

MSREは一九六五年に臨界に達し、以降、四年間（二万六〇〇〇時間）にわたって稼動し、その間、何の問題も起きることはなかったのです。

軽水炉の発明者であるワインバーグがなぜ、液体燃料原子炉である熔融塩炉の開発に力を注いだのか。実は、軽水炉の安全性に疑問を持っていたからです。

彼は、原子炉は安全でなければならないと生涯訴え続け、「原理的安全性」を持つトリウム熔融塩炉の開発に執念を燃やしたのです。

液体燃料炉は、固体燃料炉に比べて「原理的安全性」に優れているだけでなく、原子炉をエネルギー供給のためのプラントとして考えると、あらゆる面で優位です。しかし、素晴らしい開発成果を上げたにもかかわらず、この原子炉の開発は一九七六年に中止されました。

なぜ、この優れた液体燃料炉の開発が中止されたのか？

近年、日本のある国会議員がカーター元米国大統領（一九七七年一月就任）に質問したところ、その答えは「当時、アメリカで二つのタイプの大型の原子炉の開発プロジェクトが並行して進められていた。一つが軽水炉で、もう一つがトリウム熔融塩炉だったが、予算的に並行して二つの大型プロジェクトを進めることができなかったので軽水炉を選択し、トリウム熔融塩炉のプロジェクトを中止した」というものでした。

トリウム熔融塩発電の技術的な基礎を完成させた オークリッジ国立研究所の熔融塩実験炉MSRE 【図2】

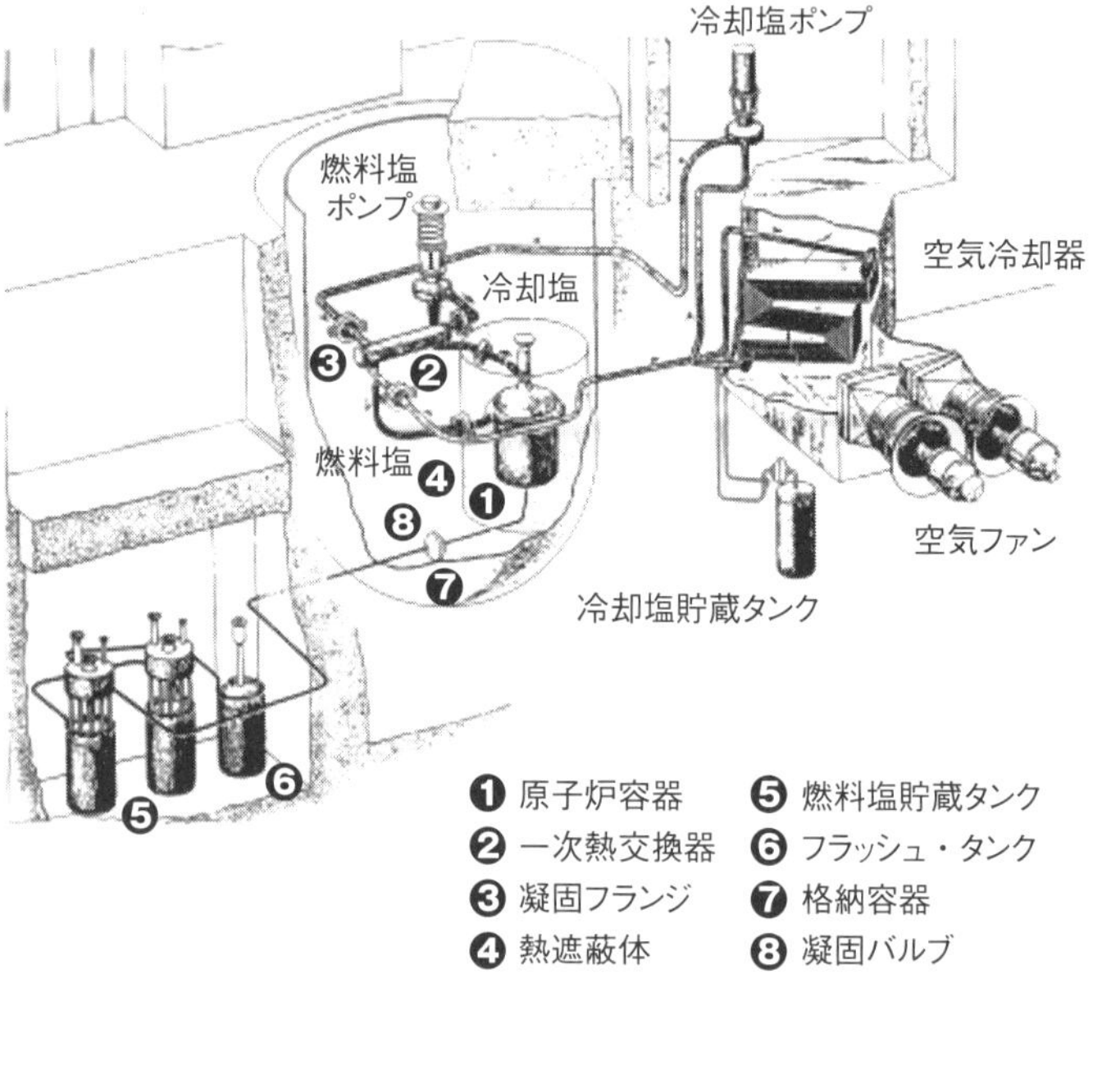

注）MSRE＝Molten-Salt Reactor Experiment

運転直前の熔融塩実験炉 MSREの炉格納室内部。米国オークリッジ国立研究所で 1965〜69年末までの 4年間、無事故で運転された。

カーター元大統領は、海軍軍人時代にリッコーヴァーの下で原子力潜水艦の開発推進プログラムの担当者だった経歴があります。一九五二年十二月に起きたカナダの試験原子炉事故の際には海軍の技術者として事故処理にあたり、被曝を体験していました。

しかし当時、米ソ冷戦のただ中であったことを考えると、トリウムを燃料とするためプルトニウムを作らず純粋にエネルギー供給を目的にするトリウム熔融塩炉は軍事的に無価値である、というのが採用しなかった本当の理由だったと思われます。

もし、米国がトリウム熔融塩炉の開発を続行していたら、原子力の歴史は大きく変わっていたに違いありません。

地球上に存在する核資源は、ウランとトリウムです。にもかかわらず、核資源としてウランのみが使用され、トリウムはほとんど使用されず、名前さえもあまり知られていません。その理由は、両者の本質的な違いが大きく関係している点にあります。ウランは原子量２３５及び２３８で、トリウムは２３２です。実は、この原子量の差が、両者に大きな違いをもたらしているのです。

その違いは、中性子を照射した際に、明らかです。ウランは中性子を照射すると、それを吸収してより重い元素である〝超ウラン元素〟（その代表がウラン２３８からできるプルトニウム２３９）になります。一方、原子量２３２のトリウムは、中性子を照射すると、より軽い元素に変わります。ここに、核物質としての両者の根本的な差があるのですが、そうなる理由についてはまだ解明されていません。

つまり、ウランから生まれるプルトニウムは核爆弾の燃料になりますが、トリウムからプルトニウムは生まれません。原子力が戦争の手段として発達したため、ウランのみが利用され、トリウムは利用されなかったということです。

これからは原子力を戦争の道具としてではなく、人類にエネルギーを供給する平和的利用に限るという方向で考えるべきです。

米国追従の原子力政策

目を、日本における原子力に転じてみましょう。

第二次大戦後の日本の原子力は、米国の原子力政策の受容の歴史であったと言ってよいと思います。

広島、長崎の惨劇から八年後の一九五三年十二月、米国のアイゼンハワー大統領が国連演説で「原子力の平和利用」を宣言しました。これを受けて日本も米国の原子力政策に全面的に協力し、我が国にも原子力産業を育てようという気運が起こりました。

その結果、翌年三月の国会で初の原子力予算が提案され、あっという間に可決成立しました。この予算額は、原子炉に関する基礎調査及び研究の助成金二億三五〇〇万円とウラン調査費一五〇〇万円でした。助成金の額は、ウラン235にちなんで決められたと言われます。終戦復興期の二億三五〇〇万円は大金ですが、その金額の背景には原子力に対する期待という以上に、認識不足による〝アバウトさ〟が読み取れます。つまり、原子力に対する深い知見や幅広い知識がないまま、スタートしてしまったということです。

我が国の原子力が〝初めに米国ありき、予算ありき〟という政治主導で産・学・官を巻き込んでスタートしたことが、その後の歴史に大きな影響を及ぼしていることは言うまでもありません。

一九五七年六月に「原子炉等規制法」が公布され、同年十一月には日米原子力研究協定調印、十二月には「原子力基本法」が制定されて、米国から二〇基の原子炉を購入する契約がされました。六八年には日米原子力協定が締結され、三〇年間で米国から一五四ｔの原子燃料を受け入れることが義務付けられたのです。そして、日本は米国の原子力産業の市場として期待され、それに応えてきました。

日本は軍事的に日米安全保障条約によって米国の〝核の傘〟に守られていますが、民生用の原子力発電においても米国の〝傘〟の外に出ることは許されていません。


一九六三年十月二十六日、茨城県東海村の日本原子力研究所で、発電試験炉JPDRが日本初の〝原子の火〟を点《とも》しました。米国（GE社）から輸入された沸騰水型軽水炉です。JPDRはトラブル続きで、七六年に運転終了、八六年末から解体、九六年に終了となりました。

国内初の商業炉は一九六六年に営業運転を開始した日本原子力発電・東海原発（一基・茨城県）です。これは英国製のガス冷却炉で〝安い原発〟でしたが、出力は小さく経済効率も低いという理由で評判が悪く、九八年に運転終了、現在は廃炉作業中です。これ以外の日本の原発は、すべてが軽水炉です。

本格的な原子力時代に入ったのは、一九七〇年代になってからです。当初に営業運転を開始した日本原子力発電・敦賀《つるが》原発1号機（七〇年）、関西電力・美浜原発1号機（七〇年）、東京電力・福島第一原発1号機（七一年）は、いずれも米国製の軽水炉です。しかし、この三基は設備利用率が悪く、事故続きで〝欠陥炉〟とも言われました。

実は、これらの三基は、米国で商業炉としての安全性と経済性が実証される前に発注したものでした。米国でもまだ三基ほどしか稼働していない時に、世界戦略としての市場を獲得するために米企業は「安全性も経済性も立証済み」とのセールストークで、日本に売り込んだのです。

米国では一九六三～六四年にかけて、〝軽水炉ブーム〟が巻き起こっていました。日本の電力各社は軽水炉の導入に前向きになり、電機メーカーも米国企業との技術導入契約を結び、軽水炉導入の体制を整えました。

その過程で、軽水炉の型式の違いによる二つの企業系列ができ上がったのです。

系列の一つは、沸騰水型軽水炉（ＢＷＲ）を採用する東京電力・日立・東芝・ＧＥ社（ゼネラル・エレクトリック・米国）で、のちに東北・中部・北陸・中国の電力四社も加わりました。もう一つは、加圧水型軽水炉（ＰＷＲ）を採用する関西電力・三菱・ＷＨ社（ウェスティングハウス・エレクトリック・米国）と北海道・九州・四国の三社の系列です。

沸騰水型軽水炉（ＢＷＲ）と加圧水型軽水炉（ＰＷＲ）は、核分裂によって生じた熱で原子炉圧力容器内に満たされた水を蒸気に変えるという点では同じですが、蒸気の役割・性質が異なります。

沸騰水型では、蒸気は原子炉格納容器から外に出てタービンを回すために使われますが、これには放射性物質が含まれています。加圧水型では、蒸気は原子炉格納容器内で加圧・冷却され、放射性物質を処理した蒸気として外に出て、タービンを回します。現在は、両型ともに改良したタイプもありますが、大ざ

【図 3】原子力発電のしくみ

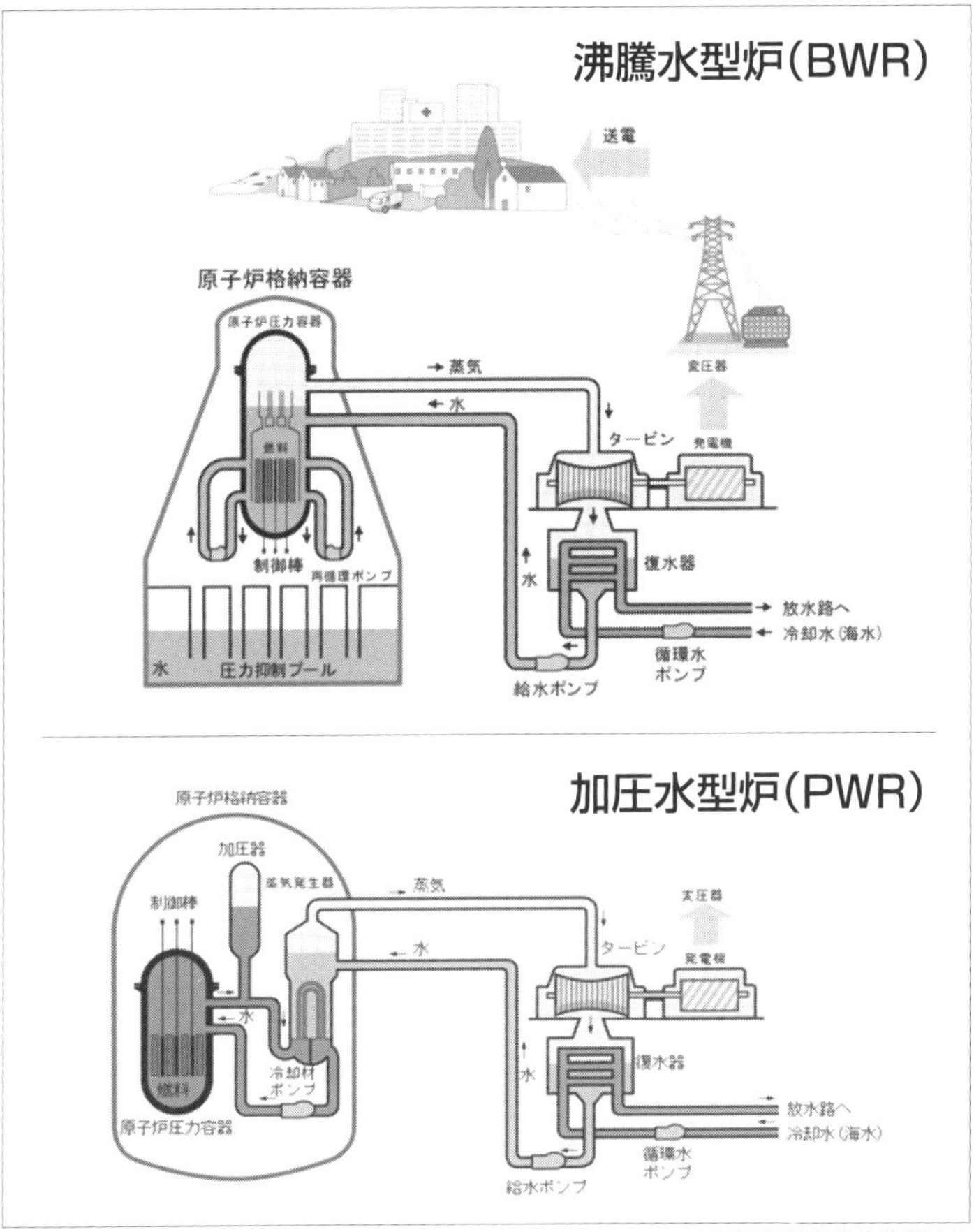

※電気事業連合会資料より

っぱに言うと、原子炉格納容器から出る水蒸気が放射性物質を含むか含まないかの違いです。

軽水炉が世界の原発の主流になったのは、原子炉がコンパクトでも大きな出力が得られるからです。つまり、経済効率が高いということです。これは前述したように、軽水炉が原子力潜水艦用に開発されたことと無縁ではありません。実際は、コンパクトな原子炉の割に原子力発電所の規模が大きいのは、安全に稼働させるためのさまざまな設備やそれを格納する施設が必要になってくるからです。

軽水炉の内部（炉心）には、燃料棒、制御棒、冷却材が入っています（図4）。燃料棒は、ウラン235の割合を三～五％程度に濃縮した二酸化ウランを円柱形に焼き固め（ペレット）、それを棒状にしたもので、表面はジルコニウム合金など覆われています。これを多数並べて収納したのが燃料集合体です。

制御棒は、中性子を吸収する性質を持ち、燃料棒の間を上下させて核分裂を

【図4】

原子炉の構造

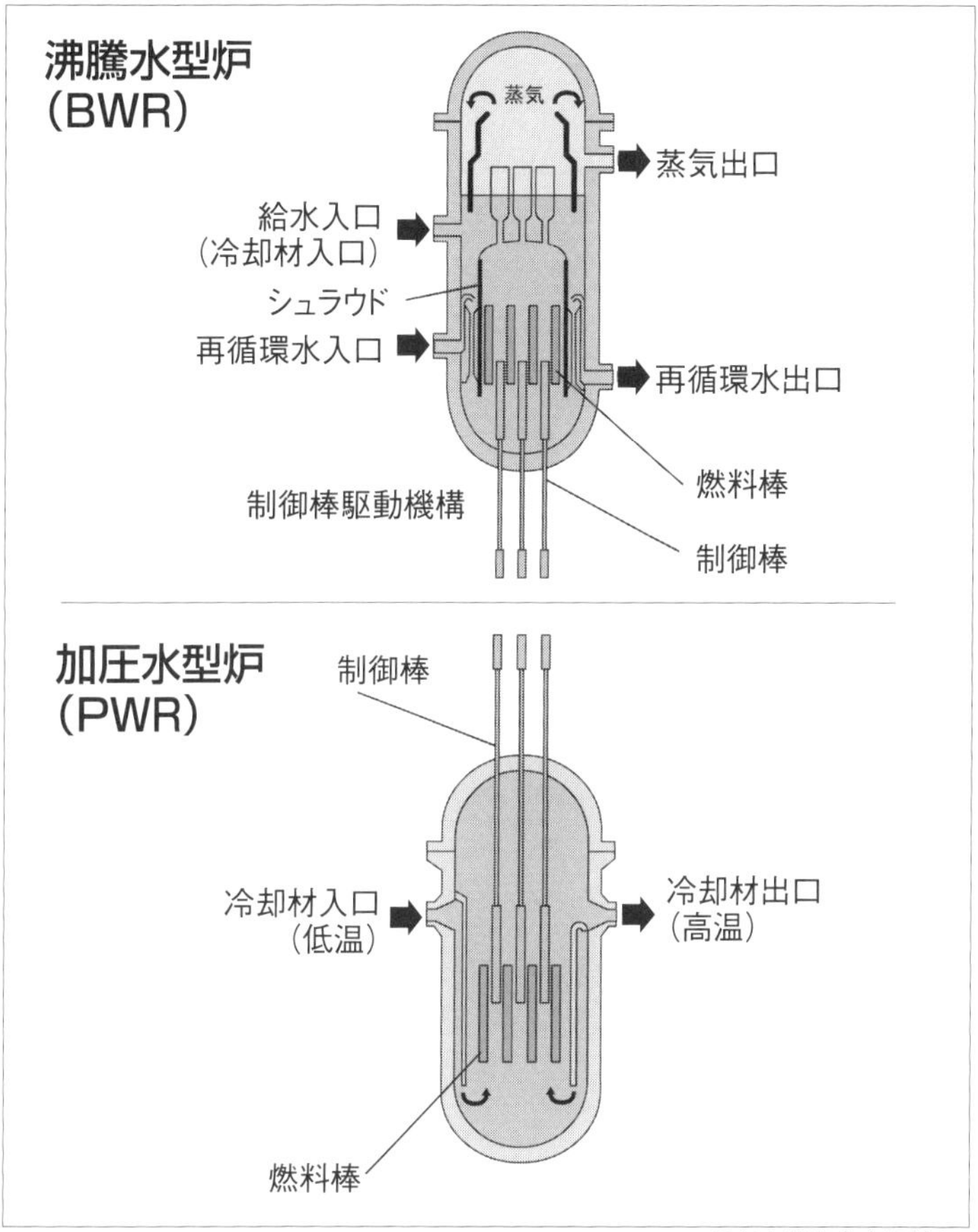

※電気事業連合会資料より

コントロールする役割を与えられています。炉を休停止する時は、完全に挿入することで核分裂の連鎖を止めます。

炉心の冷却材は、水（軽水）を使用します。軽水には中性子の減速効果もあるため、減速材も兼ねています。

炉心には、膨大な放射能が蓄積されています。災害が発生した時は、①核分裂連鎖反応を「止める」、②炉心の崩壊熱を「冷やす」、③炉心から放射性物質が漏れたなら「閉じ込める」という三原則が安全基準とされています。

安全のための設備や施設が多くなればなるほど規模は大きくなり、その分だけ危険要素も増すというジレンマに陥っているのが原子力発電所ではないかとも思われます。

過酷事故を起こした福島第一原発の四基は、いずれも沸騰水型軽水炉でした。巨大地震が起きた直後、炉心内では制御棒がすぐ挿入され緊急停止しました。核分裂の連鎖反応が止まっても、熱量が極めて大きい崩壊熱が出続けるため、炉に水を注入して冷やさなくてはなりません。ところが、復水器に水を送るポンプなどが津波で損傷したため、水を注入し続けることができなくなりました。

圧力容器内の冷却水が蒸発して減っていくにつれ、燃料棒が水面から露出し、露出した部分はそれ自体が発生する熱で熔け出し、ついに圧力容器の底を熔かし格納容器の底部へと落ちる「炉心熔融（メルトダウン）」という最悪の事態を招いたのです。メルトダウンによって大量の水素が発生し、水素爆発が起きます。

福島の場合、まず、1、3号機で水素爆発が起きたのですが、当初、政府はメルトダウンを否定していました。それを認めたのは、なんと事故から二カ月も経ってからでした。

なぜ二カ月もの間、真相を隠ぺいしていたのか。重ねて触れますが、事故原因の解明とともに、当時の政府の危機管理体制についても厳しく糺《ただ》されなければなりません。

軽水炉は電力の出力量によって、おおむね三〇万kw級、五〇万kw級、八〇万kw級、一〇〇万kw級といった分類がされます。

初期の軽水炉は三〇万kw級でしたが、例えば福島第一原発では、1号機（営業開始一九七一年）が四六万kw、2号機（同七四年）・3号機（同七六年）・4号機（同七八年）・5号機（同七八年）が約七八万kw、6号機（同七九年）が一一〇万kwでした。

今日では一〇〇万kw級の軽水炉が標準タイプになっていますが、〝巨大化〟と〝一極集中〟は、効率化と経済性を求める米国の合理主義の亜流です。原発施設が大きくなればなるほど、一カ所に集中すればするほど、事故が起きた時の被害も大きく、深刻・甚大になることが、福島の事故で図らずも証明されてしまったのです。

万全な危機管理が「リスクを最小限に抑える」ことである以上、福島の事故の教訓として、これから開発される原発は〝小型化〟〝分散化〟に加え〝無人化〟を最重要視すべきです。

トラブル続きの「原発」

日本の原子力施設では、放射性物質が施設外に漏れ出て周辺住民の健康を害するおそれが生じたケースを「事故」としています。その他の施設内のトラブルは、「異常事象」として内部処理されてきました。

従って、よほどのことがないと原発内部の異常事態は、公表されることはありません。公表された場合でも「本当のことは隠ぺいされる」というのは、福島の事故で私たちがしばしば経験させられたところです。

高温・高圧に加えて放射線にさらされる原発は、設備の劣化が早く、機器や配管類は数年おきに新しいものに取り換えるのですが、肝心の原子炉だけは新品に置き換えることができません。つまり、原子炉の寿命とともに原発は停止となるわけです。現在、原子炉の寿命を四〇～六〇年（本書47ページ参照）としていますが、日進月歩で進展する科学技術という観点から見ると、四〇年前の技術と今の技術とでは雲泥《うんでい》の差があります。

原発には開発された古い順に、第一世代～第二世代～第三世代という世代分類があり、現在開発中のものは第四世代と呼ばれます。四〇年前の原発は、おおむね第二世代に属します。古い世代の原発と、最新鋭の原発とでは性能面でも安全面でもケタ違いなのは、誰でも分かるはずです。そもそも、古いタイプと最新鋭のタイプの原発を、同レベルで論じること自体に無理があり、かつ非科学的な話です。感情論でなく、仮説（推論）を立て検証（実証）するという、科学的態度で原発問題を考え、論ずるべきと思います。

ちなみに、二〇一五年の今から四〇年前と言えば一九七五年で、その時点で稼働していた軽水炉は一〇基（うち八基は廃炉決定）でした。残り二基（関西電力・高浜原発）は、再稼働になる見込みです。なかには、四〇年の寿命を待たずに廃炉が決定した中部電力・浜岡原発の1、2号機のようなケースもあります。次ページの（表4）に国内の原発一覧を掲載しましたので、ご参照ください。

原発事故が初めて内部告発によって発覚し、マスコミで大きく報じられたのは、一九七六年十二月。関西電力・美浜原発（福井県）1号機の燃料折損事故でした。国内での原発運転開始以来最大の事故だったにもかかわらず、監督官庁への届けも出されず、関西電力の内部資料にも記録が残されていませんでした。

しかも、あろうことか、事故が起きたのは公表される四年も前の七三年初めだったのです。国会で追及されたあげくの政府答弁は、「同社（関西電力）に対し、事故原因の詳細な究明及びこれに伴う事後措置が完了するまでの間、美浜発電所1号機の運転再開を延期すべきことを指示した」でした。

事故が起きた年は、第一次オイルショック（四月～）による石油価格の高騰

【表4】

国内の原発一覧

事業者	発電所名	原子炉	運転開始年	摘要
北海道電力	泊《とまり》（北海道）	3基	1989 1991 2009	
東北電力	東通《ひがしどおり》（青森）	1基	2005	
		2基		1基着工 1基計画中
	女川《おながわ》（宮城）	3基	1984 1995 2002	
東京電力	福島第一	6基	1971 1974 1976 1978 1978 1979	4基は廃炉作業中、 2基は廃炉
	福島第二	4基	1982 1984 1985 1987	
	柏崎刈羽《かしわざきかりわ》（新潟）	7基	1985 1985 1990 1993 1994 1996 1997	

事業者	発電所名	原子炉	運転開始年	摘要
東京電力	東通（青森）	2基		2011 着工
中部電力	浜岡（静岡）	2基	1976 1978 / 2009 終了	廃炉作業中
		3基	1987 1993 2005	
		1基		計画中
北陸電力	志賀（石川）	2基	1993 2006	
関西電力	美浜（福井）	3基	1970 1972 1976	2基廃炉
	高浜（福井）	4基	1974 1975 1985 1985	2基再稼働見込み
	大飯《おおい》（福井）	4基	1979 1979 1991 1993	

事業者	発電所名	原子炉	運転開始年	摘要
中国電力	島根	2基	1974 1989	1基廃炉
		1基		建設中
	上関《かみのせき》（山口）	2基		計画中
四国電力	伊方《いかた》（愛媛）	3基	1977 1982 1994	再稼働へ
九州電力	玄海（佐賀）	4基	1975 1981 1994 1997	1基廃炉 再稼働へ
	川内《せんだい》（鹿児島）	2基	1984 1985	2基再稼働 見込み
		1基		計画中
電源開発	大間《おおま》（青森）	1基		2008 着工

事業者	発電所名	原子炉	運転開始年	摘要
日本原子力発電	東海（茨城）	1基	1966 1998終了	廃炉作業中
	東海第二	1基	1978	
	敦賀《つるが》（福井）	2基	1970 1987	1基廃炉
		3基		建設中
日本原子力研究開発機構（福井県敦賀市）	高速増殖炉もんじゅ		1991 2010 5月 ↓	8月停止
	新型転換炉ふげん		1978 2003 終了	廃炉作業中

で原子力への期待が高まっていた時期です。それに水を差すようなことはしたくない、というのが政・官・業の共通認識だったに違いありません。

結局、真相がはっきりしないまま、美浜原発1号機は再開(一九七八年一〇月)してしまったのです。

しかし、原発事故はその後も続きました。国内での主な事故は、敦賀《つるが》原発の作業員超過被曝(一九八一年)、福島第二原発3号機の再循環ポンプの大破事故(八九年)、美浜原発2号機の蒸気発生器の伝熱管の破断事故(九一年)、高速増殖炉〝もんじゅ〟のナトリウム漏《も》れ・火災事故(九五年)、志賀原発1号機臨界事故(九九年)、美浜原発3号機蒸気噴出事故(〇四年)、柏崎刈羽《かしわざきかりわ》原発の放射能漏れ事故(〇七年)、そして……福島第一原発の事故。

無論、これ以外に「異常事象」として内部で処理し、あるいは記録にも残さなかったトラブルやデータ偽装などは、どの原発にも数え切れないほど存在したはずです。〝安全神話〟が崩壊した今、信頼を回復するには、些《さ》細なトラブルでも情報開示して住民・国民が納得できる説明をしていく姿勢が強く求められてしかるべきです。

そして、私が声を大にして指摘したいのは、従来の事故はすべて軽水炉が起こしたものであるということです。「脱原発」と「原発依存」の二元的対立を生んでいる対象は、軽水炉なのです。この不毛の対立からは、「原子力の平和利用」の未来は見えてきません。

残してはならない〝負の遺産〟

ところで、軽水炉と並んで開発の主流となってきたのが、高速増殖炉です。高速とは高速中性子のことで、燃えないウラン２３８に高速中性子を吸収させると、放射性元素のプルトニウム２３９に変わります。軽水炉ではウラン資源の一％以下しか利用できませんが、使用済み核燃料を再処理工場に送り、そこで取り出されたプルトニウムを燃料として利用することで、理論的には無限の核燃料が得られるのです。

しかし、高速増殖炉の開発に取り組んだ米国、ドイツ、英国、フランスは失敗してしまいました。我が国でも一九八〇年代に実用化されるはずだった実証炉〝もんじゅ〟が、前述のようにナトリウム漏れ・火災事故で停止後、一四年半ぶりに試験運転を再開したものの三カ月目に再び事故を起こして停止(二〇一〇年八月)したままです。この実証炉には、延べ一兆円の国費が使われ、毎年二百億円以上の維持経費がかかっています。

高速増殖炉がとん挫《ざ》していることで、浮上してきたのが「プルサーマル計画」です。軽水炉で燃料に使う濃縮ウランは、発電で三~五%しか消費されず、残りの使用済み核燃料に含まれるウランとプルトニウムを再処理工場で回収し、再利用する計画です。

次ページの（図５）をご覧ください。軽水炉サイクルの再処理工場は、六ヶ所村再処理工場（本書４４ページ参照）を想定しています。ここでの技術は、もともとプルトニウムを原爆用の燃料として使う目的で開発されたもので、極めて高度な技術です。そのため、未だ稼働に至っていないのが現実です。

そこで、電力業界が次善の策として取り組んだのが、ＭＯＸ燃料を使うプルサーマル発電でした。二〇〇九年に九州電力・玄海原発で運転を始めて以降、他の原発も導入へ向かったのですが、福島の事故で中断しています。

二〇一四年末、建設工事中の電源開発（Ｊパワー）・大間《おおま》原発（青森県）が、安全審査を原子力規制委員会に申請しました。許可されると、全炉心にＭＯＸ燃料を使う商業炉として世界初となりますが、使用済みＭＯＸ燃料の処分方法は決まっていません。

プルサーマルで使用するＭＯＸ燃料は、軽水炉の使用済み核燃料の中に一％程度含まれるプルトニウムを再処理によって取り出し、二酸化プルトニウムと

核燃料サイクルのイメージ 【図5】

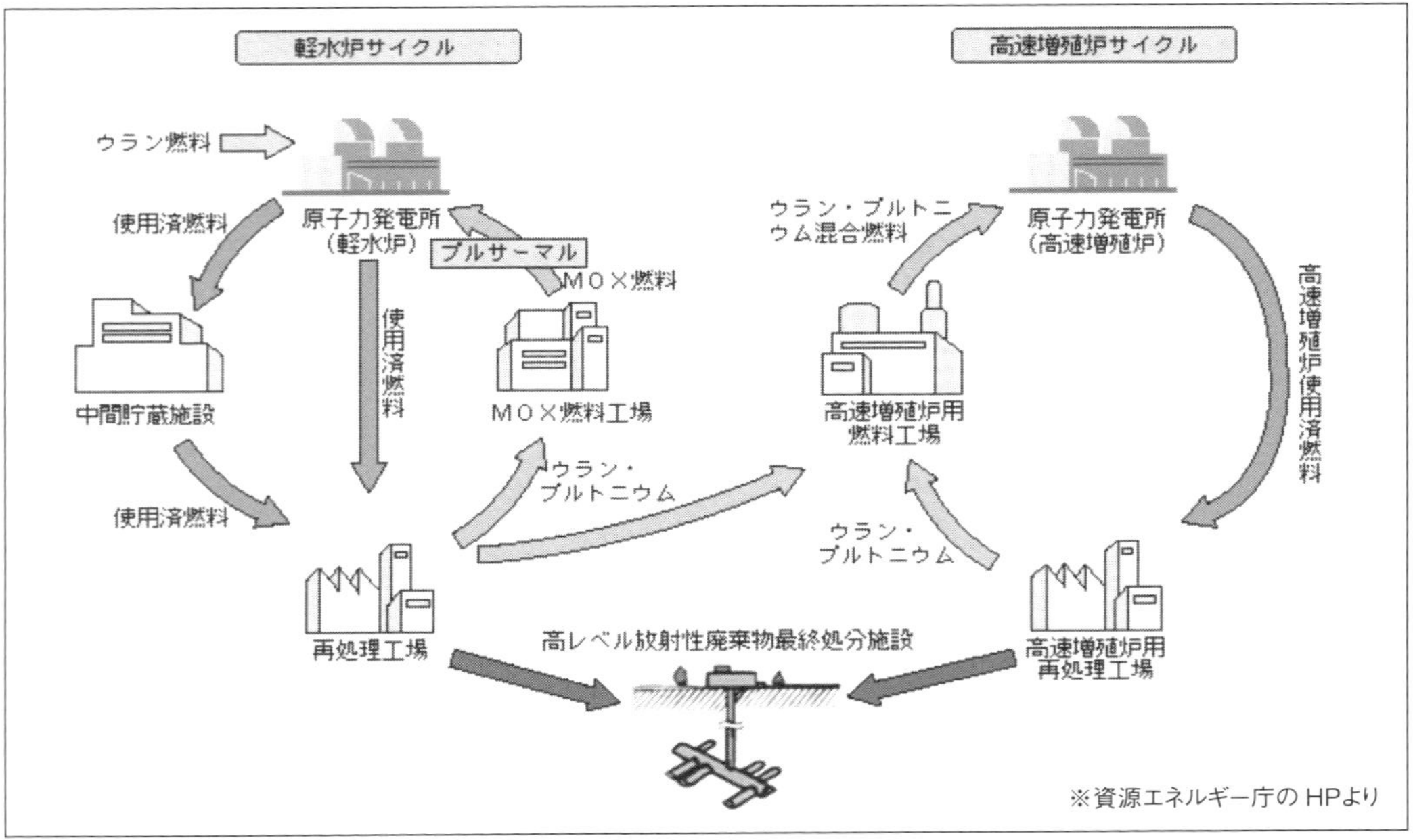

※資源エネルギー庁の HPより

二酸化ウランとを混ぜてプルトニウム濃度を四～九％に高めた燃料です。

プルサーマルには、原子爆弾の燃料となるプルトニウムの問題が付きまとってきます。すでに我が国は、軽水炉が生み出したプルトニウムを四四ｔほど保有しているとされます。これを再処理し高速増殖炉用のＭＯＸ燃料として使う（図５）の高速増殖炉サイクルは、実現不可能とも言われています。となれば、プルトニウムの〝平和利用〟は事実上、不可能になるのです。

本書の「緒言」で、私はトリウム熔融塩液体が原発、即ち軽水炉が招いた諸問題を解決すると主張しました。

その第一は、燃料の問題です。ウランやプルトニウムという固体燃料には、安全性や核燃料サイクルという点で難題が多く、しかも解決は不可能と思われます。仮に、濃縮ウランからＭＯＸ燃料へ移行した場合、使用済みＭＯＸ燃料の処理に伴うプルトニウムの始末という新たな問題を抱えることにはならないか。それに対する〝解〟はあるのでしょうか？

　一方、トリウム熔融液体燃料は、プルトニウムをほとんど発生せず、核燃料サイクルが柔軟で、特に高速増殖炉よりも遥かに速い核燃料増殖が可能です。自然界に存在するトリウム232は核分裂連鎖を自力で持続できませんが、中性子を捕獲し、ウラン233という核分裂性のウラン同位体に変化（増殖作用）できるからです。なお、本書138ページに、「新しい核燃料サイクル」の提案をしていますので、ご参照ください。

　第二は、高レベル核廃棄物の処分問題です。その処分場が決まっていないことは再三述べてきましたが、実は、この問題でもトリウムはウランよりも優位です。

　放射能を有する元素の原子核は、時間経過に伴い確率的に放射性崩壊をして他の元素に変化します。そのうちの半分が別の核種に変化する時間を半減期と言いますが、半減期が短いほど不安定な核種とされます。

ちなみに、天然トリウムの半減期は一四〇億五〇〇〇万年（宇宙の年齢にほぼ相当）、天然ウランは四五億年（地球の年齢にほぼ相当）とされます。この比較から、トリウムがウランより被曝の危険性が圧倒的に低いことが分かるのです。

原子炉の中でトリウムから増殖したウラン２３３には、トリウムの他に分離しにくい同位体のウラン２３２が含まれるため、トリウム由来のウラン２３３には核拡散に対する抵抗力があり、原子爆弾を作ることは不可能です。

日本に〝原発の火〟が灯《とも》ってから五二年、最初の軽水炉が営業運転を開始してから五五年経ちました。日本経済は原子力エネルギーに支えられて発展し、私たちの暮らしは豊かになりましたが、使用済み核燃料の処理、核廃棄物の処分という大問題を抱えてしまいました。これを〝負の遺産〟として、子々孫々に残してはならないのです。

我が国が戦後進めてきた科学技術政策、特に原子力政策についての総括と反省を今こそきちんと行い、今後どうすべきかを考えるべきではないでしょうか。

第三章

世界の「原発」事情

軽水炉が生み出した核拡散

広島・長崎に原子爆弾が落とされたのは、今（二〇一五年）からちょうど七〇年前。現在、世界中におよそ一万六〇〇〇発の核爆弾があるとされます。

第二章で詳述したように、軽水炉（原発）はもともと、核武装のためのプルトニウム生産を目的に開発されました。プルトニウム八kgで原爆一発が製造できると言われますが、一〇〇万kw級の軽水炉を一年間稼働させると二五〇kgものプルトニウムが生成されます。

計算上、大型の軽水炉一基で毎年、約三〇発の原爆を生み出すことができるのです。

一九五七年に国際原子力機関（ＩＡＥＡ）が発足したのは、五三年の国連総会で米国のアイゼンハワー大統領が「原子力の平和利用」を訴えたことがきっかけとなったからです。

ＩＡＥＡは国連の専門機関ではありませんが、原子力に関する技術協力や安全確保、技術者養成などを行う国際機関です。なかでも核不拡散条約（ＮＰＴ）に基づく〝核査察〟の権限を持ち、濃縮ウランやプルトニウムなどの軍事利用疑惑のある国に対しては、国連の要請を受けて査察チームを派遣するなどの活動をしています。

ＮＰＴは、正式には「核兵器の不拡散に関する条約」と言いますが、一九七〇年三月に発効された国際条約です。この条約加盟国は一九〇カ国（二〇一〇年）で、保持を許された「核兵器国」を限定し、それ以外への核兵器の拡散の防止を目的としています。

「核兵器国」は、米国・ロシア・英国・フランス・中国の五カ国。いずれも国連で〝拒否権〟を行使できる、強い権限を持つ安全保障理事会の常任理事国です。

しかし、これに反発して条約加盟国になろうとしない国があります。インド、パキスタン、イスラエル、北朝鮮（脱退）です。インドとパキスタン両国は互いの核抑止力として原爆を保有し、イスラエルと北朝鮮は「保有疑惑国」とされています。

なぜ、このようなことに触れたのかと言うと、〝核拡散〟は現在の原発の主流である軽水炉、次世代型原子炉として開発が進んでいる高速炉の問題でもあるからです。

「核兵器国」はいずれも、保有核兵器の削減を進めていますが、背景には軍事用のプルトニウムや濃縮ウランが溢《あふ》れるほど貯まり、保管にコストがかかるだけでなく、テロリストの標的になる危険性が高いという事情もあって、緊急に処理・処分すべきという国際合意がなされているからです。具体的には、軍事用プルトニウムを原子炉を利用して処理する方法が推進されています。

核爆弾一万六〇〇〇発をプルトニウム量にあてはめると、一二八ｔになります。しかも、世界にある軽水炉は今後もプルトニウムを増産し続けるのです。

核兵器が削減されても軽水炉・高速炉がある以上、〝核拡散〟の危険性は増大します。

日本を含む世界の原発数は、一九六〇年代が八五基、七〇年代が二二八基、八〇、九〇年代が四二五基、二〇〇〇年代が四三二基と推移してきました。（表5）に、海外の原子力発電国三〇カ国・地域の原発数を示しました。運転中の原発は、三八七基です（日本を除く／二〇一四年八月）。しかし、建設中・計画中・検討中の合計が四四四基もあり、検討中を差し引いてもおよそ六〇〇基の原発（ほとんどが軽水炉）が存在することになります。また、表外の新規導入国は一八カ国あり、建設中四基・計画中二四基・検討中五八基となっています。

このデータは福島の事故後のものです。世界の趨勢《すう》は必ずしも「脱原発」ではなく、表外の新規導入国を合わせた建設中・計画中・検討中の原発が五三〇基もあることから考えると、「原発推進」という方向にあると言うべきでしょう。

このことから私は、日本がやみくもに「脱原発」へ向かうのは、今後、世界の中で果たすべき役割を見失うのではないかと危惧《きぐ》します。なぜなら、我が国には約半世紀にもわたって培《つちか》ってきた原子力に関する高度な技術があり、優秀な人材がいるからです。そして何よりも、あの、三・一一の原発事故の教訓を未来に生かす使命があると考えるからに他なりません。

【表5】

海外の原発

■北米・中南米　　（単位：基）

国・地域	運転中	建設中	計画中	検討中
米国	100	5	5	17
カナダ	19	0	2	3
ブラジル	2	1	0	4
メキシコ	2	0	0	2
アルゼンチン	3	1	0	3

■CIS

ロシア	33	10	31	18
ウクライナ	15	0	2	11
アルメニア	1	0	1	0

■アフリカ

南アフリカ	2	0	0	6

※2014年8月1日現在：（一社）日本原子力産業協会国際部資料より

■ヨーロッパ　(単位：基)

国・地域	運転中	建設中	計画中	検討中
スウェーデン	10	0	0	0
フィンランド	4	1	0	2
英国	16	0	4	7
フランス	58	1	1	1
ドイツ	9	0	0	0
スイス	5	0	0	3
ベルギー	7	0	0	0
オランダ	1	0	0	1
スペイン	7	0	0	0
チェコ共和国	6	0	2	1
ハンガリー	4	0	2	0

■ヨーロッパ(続き)　　(単位: 基)

国・地域	運転中	建設中	計画中	検討中
ブルガリア	2	0	1	0
スロバキア	4	2	0	1
ルーマニア	2	0	2	1
スロベニア	1	0	0	1

■中東

イラン	1	0	1	1

■アジア

中国	20	29	59	118
韓国	23	5	6	0
台湾	6	2	0	0
インド	21	6	22	35
パキスタン	3	2	0	2

三・一一前後の各国の「原発」

以下に福島の原発事故を境とした各国の原発への取り組みを、概略紹介します。

なお、本稿をまとめるにあたっては、一般社団法人日本原子力産業協会国際部による「最近の世界の原子力開発動向」（二〇一四年一二月）を参考にさせて頂きました。

■主要先進国

①米国

国内で初めて発電を行った商業炉は、シッピングポート加圧水型炉（一九五七年・一〇万kw）です。その後一〇〇基余の原発が建設されましたが、一九七九年のスリーマイル原発事故以来、およそ三四年間、商業炉は一基も建設されることはありませんでした。ところが、福島の原発事故が起きた二〇一一年一一月、四基の建設が発表されたのです。しかも受注したのは、東芝に買収されて子会社になっていたウエスチィングハウス・エレクトリック（WH社）でした。

この事実が物語るように、日本は〝米国の原子力産業の受け皿〟という立場から、原子力産業の〝主役〟に躍り出た感があります。つまり、我が国の原子力の〝平和利用技術〟は、米国を凌駕《りょうが》するまでになっていたのです。

しかし、米国の原発計画は電力需要の鈍化やシェールガス革命などの影響を受けて、芳《かんば》しいものではありません。既存炉は有効活用という方針で、運転寿命を四〇年から六〇年に延長し、さらに八〇年運転を視野に入れています。二〇一二年一月には、次世代のクリーンエネルギー技術となり得る小型モジュール炉（SMR）開発支援計画（公募）を発表し、二二年の実用化を目指しています。

②ロシア

ソ連邦時代の一九五四年、オブニンスク黒鉛減速沸騰軽水圧力管型炉（六〇〇〇kw）が世界で最も早く運転を開始した原発となりました。八六年のチェルノブイリ原発事故で世界中に衝撃を与えましたが、早くから高速炉の開発を行い原子力拡大路線、輸出拡大を推進しています。

③英国

ロシアに次いで原発（一九五六年・コールダーホール黒鉛減速ガス冷却炉・六万kw）を稼働させ、全電力の一八％を原発に依存しています。既存炉一六基のほぼ全てを二〇二三年までに閉鎖する一方、二〇年代に向けて一一基を新設する計画が進んでいます。

④フランス

世界で最も原発電依存度が高く（七五％）、二〇一四年に政府は二五年までに原発シェアを五〇％に低減すると表明しました。一方、二五年までに高速炉計画（レファレンス原発）の運転開始、高レベル廃棄物地層処分場（CIGEO計画）の操業開始を目指しています。

⑤ドイツ

「脱原子力法」（二〇〇二年）の施行後、福島の事故を機に全原発（一七基）を二二年までに廃止することを閣議決定。一三年末に誕生した大連立政権は、「脱原発」政策を堅持すると表明しました。

■アジア

①中国

一九九〇年代から原発を導入し、福島の事故当時、稼働中の原発は一三基前後でした。二〇一四年には運転中と建設中を合わせると四九基に増え、原発への依存の高まりが読みとれます。加えて、計画中が五九基・検討中が一一八基ということは、遠からず世界一の〝原発大国〟になることは間違いありません。

中国政府は「エネルギー開発戦略行動計画」を発表（一四年）し、二二年を目指して原発の新規計画の推進、輸出を視野に入れた国産炉の開発を進めています。

②インド

核武装を果たしたこの国の原発は自立開発による小型炉が多く、ロシア・フランス・米国などの軽水炉の導入を進めています。一九八五年から運転を始めた高速実験炉にみられるように、高速炉計画も進行中です。運転中が二一基ですが、建設中・計画中・検討中を合わせると六三基にもなり、実現すれば中国に次ぐ〝原発大国〟になります。

③韓国

原発輸出に力を入れ、福島の事故以前の二〇〇九年にＵＡＥ（アラブ首長国連邦）のバラカ原発に四基納入することが決定。一四年には、電力供給に占める原発割合を三五年までに二九％にし、原発新設を継続して計画済みの一一基の他に五～七基増やすとしています。

■その他の国々

サウジアラビアは二〇一一年六月、三〇年までに一六基を建設すると発表し、初号機は一六年着工、二二年発電開始を目標にしています。

スイスは福島の事故後の五月、国内原発を二〇三四年までに全面廃止すると表明しました。

イタリアは一九八七年、国民投票で「原発廃止」と「開発凍結」を決定し、原発は保有していません。

以下は、表外の新規導入国です。

ベトナムは二〇〇九年、ロシア製の二基の原発導入を決定し、翌年、三〇年までの一四基の建設計画を発表した後、二基建設のパートナーに日本を選定しました。福島の事故直後、「これを教訓に更に安全性の高い原発を日本とロシアの協力で建設する」とニャン副首相が表明。一二年一月、日本との間で「原子力協定」が発効しました。まだ建設には至っていませんが、計画中の原発は四基です。

トルコは一九七〇年代以降、原発の建設計画を何度か進めましたが、ようやく二〇一〇年にロシアから四基導入することを決定。一二年に、三地域で二三基の建設を目指すことを発表しました。一三年五月、日本との間で「二国間協定」を締結。

その他の新規導入国としては、建設中がUAE（二基）・ベラルーシ（二基）、計画中がポーランド（六基）・バングラデシュ（二基）・UAE（二基）・カザフスタン（二基）・インドネシア（一基）・ヨルダン（一基）・エジプト（一基）・リトアニア（一基）の各国が挙がっています。

第四世代原子炉が開く未来

第四世代原子炉（ＧＥＮ―Ⅳ）とは、燃料の効率的利用、核廃棄物の最小化、核拡散抵抗性の確保等エネルギー源としての持続可能性、炉心損傷頻度の飛躍的低減や敷地外の緊急時対応の必要性排除など安全性・信頼性の向上、及び他のエネルギー源とも競合できる高い経済性の達成を目標とする「次世代原子炉概念」です。

概念の選定作業を国際的な枠組みで進めるため、二〇〇一年七月、米国、日本、英国、韓国、南アフリカ、フランス、カナダ、ブラジル、アルゼンチン、スイスの一〇カ国で「第四世代国際フォーラム（ＧＩＦ）」が結成されました。

そして、二〇三〇年までの実用化を目指す概念（ＧＥＮ―Ⅳ）として、①超臨界圧軽水冷却炉、②ナトリウム冷却高速炉、③鉛合金冷却高速炉、④超高温ガス炉、⑤ガス冷却高速炉、⑥熔融塩炉の六概念が選定されました。

これらの第四世代原子炉の中で急速に本命として浮上してきているのが、「トリウム熔融塩炉」なのです。

この原子炉の特長を、以下に列記します。

①高い「安全性」

●液体燃料炉であり、炉心熔融（メルトダウン）は原理的にない。

●緊急時、燃料を地下のドレインタンクに移し、原子炉内を空にできる。万一、原子炉が破壊されても放射性物質排出は起こらない。

●熔融塩燃料は冷却媒体を兼ねるが、熔融塩は空気・水と反応せず、万一、漏《も》れてもガラス状に固まり、内部に放射性物質を閉じ込める。

核反応は、ウラン233を含んだ熔融塩となり、運転開始時に濃縮ウランを少量入れ、その後はトリウム熔融塩液体を入れるだけでよい。燃料の量が少なくなると核分裂反応が遅くなり、電源喪失など想定外の事故が起きた場合は、炉心内の燃料は遮蔽《しゃへい》処置をほどこした容器に排出される。つまり物理上、炉心熔融は起こり得ない構造になっているのです。

②軽水炉の使用済み核燃料の管理期間の短縮

●軽水炉の使用済み燃料を処理して得られる長寿命のプルトニウムやマイナーアクチニドを「トリウム熔融塩炉」を使って燃焼・減容し、三〇〇年程度の短寿命放射性廃棄物に変えることができる。

また、熔融炉は消費するのと同量の燃料を作り出す増殖炉にもなり、高濃縮の核分裂物質や他の原子炉から出た使用済み核燃料に含まれる〝超ウラン元素〟を燃料として使用することも可能。しかも、使用後の物質や元素は、比較的害が少なく、寿命の短い使用済み核燃料になるため、地中深くに埋設処理をする必要がなくなります。

同様に、トリウム液体燃料サイクルで生み出される高レベル核廃棄物も、ウラン固体燃料サイクルの場合に比べて圧倒的に嵩《かさ》が小さく、後処理がしやすいという特長があります。

③核不拡散に寄与

●トリウムを燃料とするため、プルトニウムをほとんど作らない。また、長寿命で危険なマイナーアクチニドもほとんど作らない。

現在、世界で稼動中の原発のほとんどは軽水炉であり、今後も作り続けられる方向にあります。

しかし、これまでも述べてきたように今や、原爆製造のために軽水炉を動かしてウランからプルトニウムを作る必要はありません。改めて、軍事用としてではなく、純粋にエネルギー供給源としての原発はどうあるべきか、その〝解《かい》〟を「トリウム熔融塩炉」が示しているのです。

我が国が本当にプルトニウムと核兵器の廃絶を願うのであれば、この新たな原子炉の選択は検討に値するはずです。

④低コスト

●炉心構造が単純で、設備費が安く、発電コストが安い。

「トリウム熔融塩炉」の発電コストの試算がなされていますが、おおむね三円／kwhとされているようです。従って、化石燃料による発電コストよりも安く、水力発電同等の低コストで電力を供給できる可能性があります。

反対に軽水炉の発電コストは過去、五〜六円／kwhと言われてきましたが、安全対策のコストを含むと一〇円／kwhです。これでは、安価な電力を供給するエネルギー源とは言えません。また、日本の原発輸出における提示電力コストは約一二円／kwhで、天然ガス発電の二倍近い高コストで、競争力という点でも不利です。

次ページの（表6）は、本書23ページの（表1）に「トリウム熔融塩炉」の発電コストを加えて再録したものです。

「トリウム熔融塩炉」の目標とする発電コストは、他のあらゆるエネルギーコ

【表6】

発電コストの比較（その2）

円 /kwh

	設備償却費	燃料費	運転費	合計
トリウム熔融塩炉	2.0	0.004	1.0	3.0
軽水炉（安全対策済み）	8.9	0.1	1.0	10.0
石炭	2.8	1.8	1.0	5.6
天然ガス	1.0	2.8	1.0	4.8
風力	17.4	0	1.0	18.4
太陽光	22.5	0	1.0	23.5
バイオマス	4.0	4.7	1.0	9.7

ストを下回ります。二十一世紀中に再生可能エネルギーが、「トリウム熔融塩炉」の発電コストに達することは考えにくいと思われます。

現在、世界で「トリウム熔融塩炉」の研究が再開されていますが、これらはすべて古川和男博士の「ＦＵＪＩ」の設計を基本としています（本書１４８ページ）。

長い間、開発を中止していた米国では近年、マイクロソフト社の共同創業者のビル・ゲイツ氏が設立した小型原子炉の開発会社で「トリウム熔融塩炉」の開発検討を開始するなど、次世代原子炉の本命として急浮上しています。

二〇一一年、福島の事故の数週間前に中国の上海応用物理研究所でスタートした「トリウム熔融塩炉」の開発プロジェクトは、アメリカの支援を得て急ピッチ進められています。ただし、当初の計画を変更し最初は固体燃料を熔融塩によって冷却するタイプのＦＨＲの開発を行うことにしています。

ＦＨＲの実験炉は二〇一七年完成目標で、開発費が五年で五〇〇億円、人員

【図6】

トリウム熔融塩炉の概念

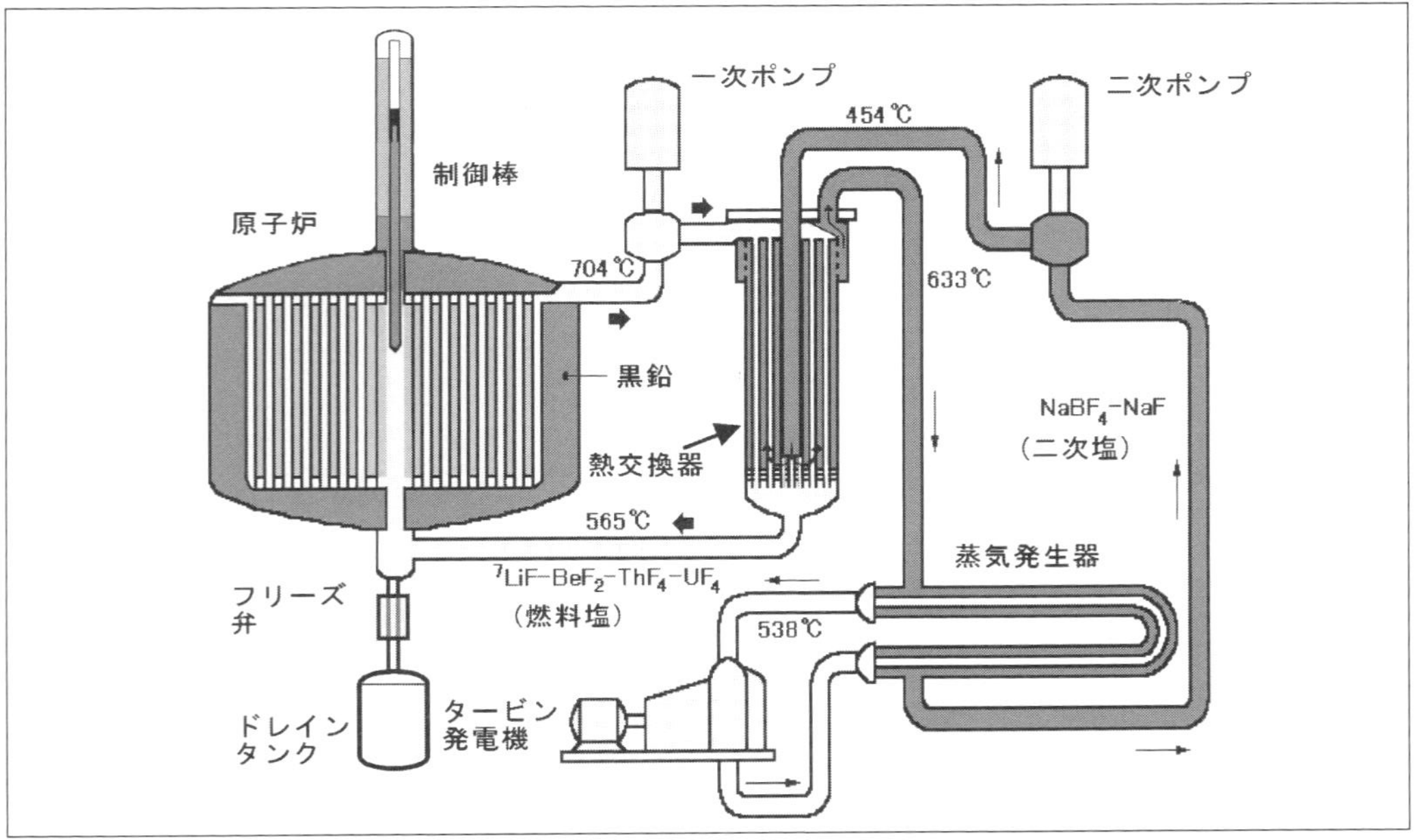

上海応用物理研究所（中国）の熔融塩ループ

七〇〇人という大型国家プロジェクトとして取り組み、三〇年に最初のターゲットであるＦＨＲの商用炉の開発を経て「トリウム熔融塩炉」を実現するとしています。

中国以外では、インドが二〇一三年からＦＨＲの開発に着手した模様で、韓国も同年に研究に踏み出したと言われています。

再び、技術立国の道を！

「トリウム熔融塩炉」の特長として付け加えなければならないのが、**核資源が豊富**という点です。

あえて後回しにしたのは、本章を資源問題で締めくくりたかったからです。第二章で述べたように、地球上に存在する核資源はウランとトリウムの二つです。ウランが原子爆弾の燃料になるのに対して、トリウムは軍事用には使えません。

私が強調したいのは、トリウムの資源量がウランの三～四倍あるだけでなく地域的な偏在が少ないということです。とりわけウランの産出量が少ない中国、インドにはトリウムが豊富にあります。両国が「トリウム熔融塩炉」の開発に積極的な理由の背景に、資源問題があるのです。

とはいえ、世界中で産出するものの、残念ながら日本では産出しません。

トリウムは、モナザイトという鉱石中に大量に存在しますが、モナザイトは希少土（レアアース）の鉱石です。モナザイトからレアアースを取り出した廃棄物中には大量のトリウムが含まれており、トリウムは放射性を持つため、やたらに廃棄できません。中国は世界のレアアースの大半を供給する一方で、大量のトリウムを廃棄物として持っています。この処理をするために、「トリウム熔融塩炉」の開発を目指しているのです。

ウランは産出する地域が限定されるため、戦略資源として位置付けられますが、トリウムは産出する地域が広く、しかも大量に産出するので戦略資源とはなり得ません。

私は前著『「脱原発」で本当に良いのですか？』で孔子の『論語』を引用しながら私見を述べましたが、その思想の核心である「中庸《ちゅうよう》」が今後の世界のありようを考える上で大事になってくるのではないかと思っています。俗に言えば〝極端はいけない〟、〝二者択一で物事を決めてはいけない〟ということではないでしょうか?

「中庸」を示す孔子の言葉に「過ぎたるは猶及《なお》ばざるがごとし」があります。つまり、〝度を過ぎることは、程度に達しない(不足している)ことと同じで、どちらも中庸の道から外れている〟ということです。

国際紛争の多くは、資源問題が引き金になっています。資源は、エネルギー資源、鉱物資源、食糧資源に大別されますが、太陽光発電・風力発電などの再生可能エネルギー以外は、有限であるがゆえに「過不足」が生じれば争奪が行われ、ときには国家間紛争に発展します。富める国が独占しようとする一方で、不足している国が資源を求めて紛争が起きる…。第二次世界大戦前まで、欧米列強国に倣《なら》った日本が海外に植民地を求めたのは、ひとえに資源獲得のためでした。そして、二十一世紀の今、資源争奪戦はますます激化しています。

その意味でも、核物質をウランからトリウムへと転換することは、大きな意味があると思います。

日本は資源のない国です。従って、技術力で戦後復興を果たしたように「原子力の平和利用」のために、再度、〝技術立国〟を目指すべきと思います。

原子力に関して我が国は、世界の先進国です。事実、福島の事故後も日本の原子力技術をぜひ導入したいという国は多いのです。

しかし、私が今、恐れているのは、若い研究者や技術者がいなくなってしまうことです。すでに国内の大学では、〝原子〟という言葉が付いた学部・学科を敬遠する学生が増えていると聞き及びます。それに応じて、名称変更した大学もあるようです。

なお、二〇一五年から産（東京電力）・学（東大・東工大・東北大）・官（文部科学省）が共同で、原発の廃炉に携わる人材を育成する講座や研究会を開設予定だそうです。廃炉作業の専門知識を備えた人材の確保は、原発の輸出や産業基盤の維持につながるとのことですが、廃炉という〝後ろ向き〟の技術に取り組もうとする若者がどれほどいるか、気がかりです。

たしかに、廃炉に携わる人材育成も大事ですが、「トリウム熔融塩炉」という原発の未来を開く道があることにも目を向けるべきでないかと思うのです。

第四章

液体燃料による原子力再構築へ

〝原発敗戦〟の復興は原子力の見直しから

二〇一一年三月の福島原発事故で、世の中は変わりました。それまでの原発推進一辺倒の流れが止められ、逆に脱原発の流れができ上がりました。スリーマイル島（米国・一九七九年）、チェルノブイリ（旧ソ連邦ウクライナ共和国・八六年）、そして福島と、三つの大事故を経験したことで、原発（軽水炉）の安全性に対して世界中の人々が疑問を持ったのです。

特に、優れた技術を持つ日本の原発は「絶対安全」とは言わないまでも、何となく「大丈夫」と誰もが抱いていた〝安全神話〟が、もろくも崩壊したのです。この影響は計り知れないものがあります。

その一方で、新興国ではエネルギー需要が高まっています。原発はクリーンで安定して大量の電力を獲得できる手段であるという認識から、経済成長が見込まれる新興国では原発推進の流れは止まるどころか、ますます大きな流れになっています。

福島の原発事故によって〝原発敗戦〟を迎えたと、その著書で指摘されたのはコンサルタントの青木一三氏です。まさに、その言葉通り、日本は今、〝原発敗戦〟からの戦後復興が求められているのだと思います。

かつて日本は敗戦の中から立ち上がり、わずか二〇年ほどで驚異的な復興を遂げ、世界第二位の経済大国に成長しました。この間の原動力になったのは、〝無から有を生じさせる〟という発想の転換と、日本人特有の勤勉さと言ってよいでしょう。

従って、〝原発敗戦〟を契機に根本的な発想の転換を図って取り組むならば、日本は原子力の分野で世界のトップになることも可能と考えます。その理由は、日本は過去、膨大な予算を計上して原子力開発に取り組んできており、人材と技術の蓄積を持っているからです。この蓄積を活用すれば、世界の原子力開発のトップの位置を得ることは、けっして難しいことではないでしょう。

そのためには、過去と決別した新しい発想が必要です。

現在、日本の原子力政策の基本は、〝六ケ所村再処理工場〟と〝もんじゅ〟に代表される、軽水炉を中心とする「ウランープルトニウム路線」と呼ばれるものです。この軽水炉に替わる新しい原子炉の開発こそが、私たちの目指すところです。

問題は、ウランが燃料の「軽水炉」にある

世界で異常気象による被害が続出し、地球温暖化問題は人類にとって最大の懸案である以上、エネルギーを非化石燃料によって賄《まかな》うという方向が求められていくでしょう。

しかし、ウランを燃料とした軽水炉中心の現在の路線を進む限り、原子力の未来は明るいとは言えません。「安全性」「核廃棄物」「核拡散」……これらの

問題は全て、軍事用として発展を遂げてきた「軽水炉」が生み出したものだからです。

二十一世紀の原子力を考える時、もっぱら軍事用として開発されてきた原子力の根源的な見直しが必要です。新しい視点で原子力を見直し、「安全性」「核廃棄物」「核拡散」といった課題を、根本から解決する方途を見出すべき時にきていると考えます。

第二章で詳述しているように、日本には原子力発電における開発の歴史がありません。日本の原子力政策は、最初は米国の原子力産業の市場として、スリーマイル島事故以降は日米原子力共同体の一員として、米国の主導のままに流されてきたと言っていいでしょう。

日本が「米国の核の傘」の下にいる以上、原子力政策においても独自の立場を取ることは、今後もできないと思われます。とりわけ、日本の原子力政策の決定に際しては、あくまでも「日米原子力共同体」の一員としての判断が要求されるのです。

二〇〇九年四月、米国のオバマ大統領はチェコのプラハで「核廃絶」に向けた演説を行い、同年のノーベル平和賞を受賞しました。さらに米国は同年十月の国連総会で「一二年までに自国の核兵器保有量を〇一年水準の半分近くまで削減する」と表明し、「今後、核兵器のために濃縮ウランとプルトニウムを製造する計画はない」ことを明言しました。しかし、プルトニウムを生み出すウランを核燃料とする軽水炉を原子力発電の主流としている以上、真の意味での「核廃絶」は不可能です。

オバマ大統領や米国の意向を踏まえるならば、仮に日本が原子力の抱えている諸問題の解決と核廃絶を可能にする新しい原子力の提案をしても、米国から反対されることはないと思われます。使用済み核燃料問題の解決の道を見出し、化石燃料に頼らないエネルギー源を世界に供給することができれば、米国の国益にもかなうはずだからです。

今こそ日本は脱原発でもなく、過去の原子力路線の推進でもない、「第三の道」を選択し、研究開発に取り組むべきと訴えたいのです

二〇一一年十二月に亡くなった古川和男博士は、「安全な原発はある」ということを半世紀に近くにわたって主張し続けました。その骨子は、主流原子炉である軽水炉を「トリウム熔融塩炉」に切り替えるべきである、というものでした。

第三章で述べたように、「トリウム熔融塩炉」が次世代の最有力原子炉として世界から注目をされるようになり、その開発への流れは年ごとに大きくなってきています。

しかし残念なことに、日本ではまだ「トリウム熔融塩炉」の流れはできていません。大型プロジェクトを組み、新たな原子炉の開発に取り組む状況下にないのも事実です。

まず、その前に、やらなければならない問題が山積しているからです。福島の原発事故による住民の方々の帰還や補償、汚染除去といった諸問題があります。また、原発に関しては福島原発事故の後始末であり、さらに人類的地球的に見れば、既に大量に貯まっている使用済み核燃料処理の問題を早急に解決することが根本的課題です。

実は、この早急に解決すべき使用済み核燃料処理に関しても、「トリウム熔融塩炉」の開発における技術が有効なのです。私たちは、これを「液体燃料による原子力再構築」と銘打ちました。

再構築という表現に、私たちの面目があります。それは、軽水炉を稼働させる場合でも、燃料を「固体」から「液体」に替えることで、使用済み核燃料処理の問題をまず解決しようということなのです。

このプランを実行するにあたって、私たちは独自の手法で取り組みます。それは、敗戦から立ち上がろうとしていた日本で、ペンシルロケットという日本独自の開発手法によってロケット開発を手がけた糸川秀夫博士の手法です。日本は、このペンシルロケットの開発をベースに、ロケット技術において、今でも世界最先端に位置しています。それに習い、まず手の届く小さなことから始めたいと考えております。

液体燃料による原子力再構築のシナリオ

新しい原子炉を考える上での必要条件は、以下の四点です。

①安全でなければならない。
②使用済み核燃料の処理の道筋をはっきりさせなければならない。
③原発が普及することによって世界中が核武装の可能性を持つ、いわゆる「核拡散」を防がなければならない。
④原発が供給するエネルギーは安価でなければならない。

この必要条件をすべて満たしているのが、「トリウム熔融塩炉」なのです。「トリウム熔融塩炉」の開発の歴史については第二章で、開発の現況については第三章で概説した通りです。

以下に、私たちが推進中の「液体燃料による原子力再構築」のシナリオを列記します。

【ステップI】「R in R」の開発

「R in R」(Reactor in Reactor)とは、原子炉にミニチュア原子炉を入れる、という意味です。この開発の背景にある考え方は、原子炉開発をミニチュア原子炉の開発からスタートするという手法の採用です。

「トリウム熔融塩炉」の技術の本質は液体燃料にあります。液体燃料は、そこに溶けている物質の化学処理が容易であるという特長も持っています。この特長を利用するのが、「Ｒ ｉｎ Ｒ」です（図7）。

具体的には、原子炉の固体燃料の一部を熔融塩液体燃料の入ったカプセル（熔融塩燃料モジュール・図8）に置き換えて、熔融塩に溶けたプルトニウムやマイナーアクチニドに中性子を照射してプルトニウムを消滅させ、マイナーアクチニドの減容を行うものです。

「Ｒ ｉｎ Ｒ」の開発によって、使用済み核燃料処理の問題解決が可能になります。軽水炉は「トイレなきマンション」ではなくなり、自らで核廃棄物を処理する能力を持つことになります。

また、六ヶ所村再処理工場（青森県）が稼働したとして、生まれるプルトニウムを処理する方法として軽水炉でプルトニウム・ウラン混合燃料であるＭＯＸ燃料を燃やすプルサーマル方式が検討されていますが、使用済みのＭＯＸ燃料の再処理技術が確立していません。

【図7】

「R in R」の燃料集合体への実装

燃料集合体

既存軽水炉及び高速増殖炉（もんじゅ）の燃料集合体のうち何本かを熔融塩燃料ミニチュア原子炉に置き換える。

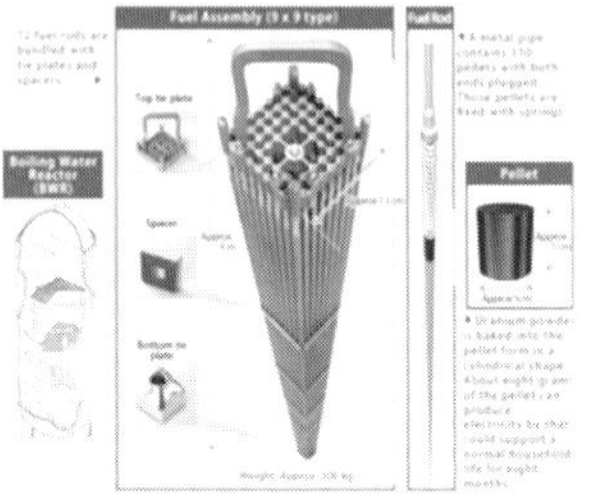

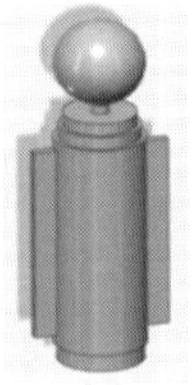

内部にフッ化物熔融塩が循環しており、フッ化熔融塩に溶けた核廃棄物のフッ化物を核反応燃焼処理する（プルトニウムやアメリシウムなどの長寿命放射性元素の一部は消滅する）。

チャンネルボックス内に「R in R」を装填した燃料体に置き換える。

【図8】
熔融塩燃料モジュール

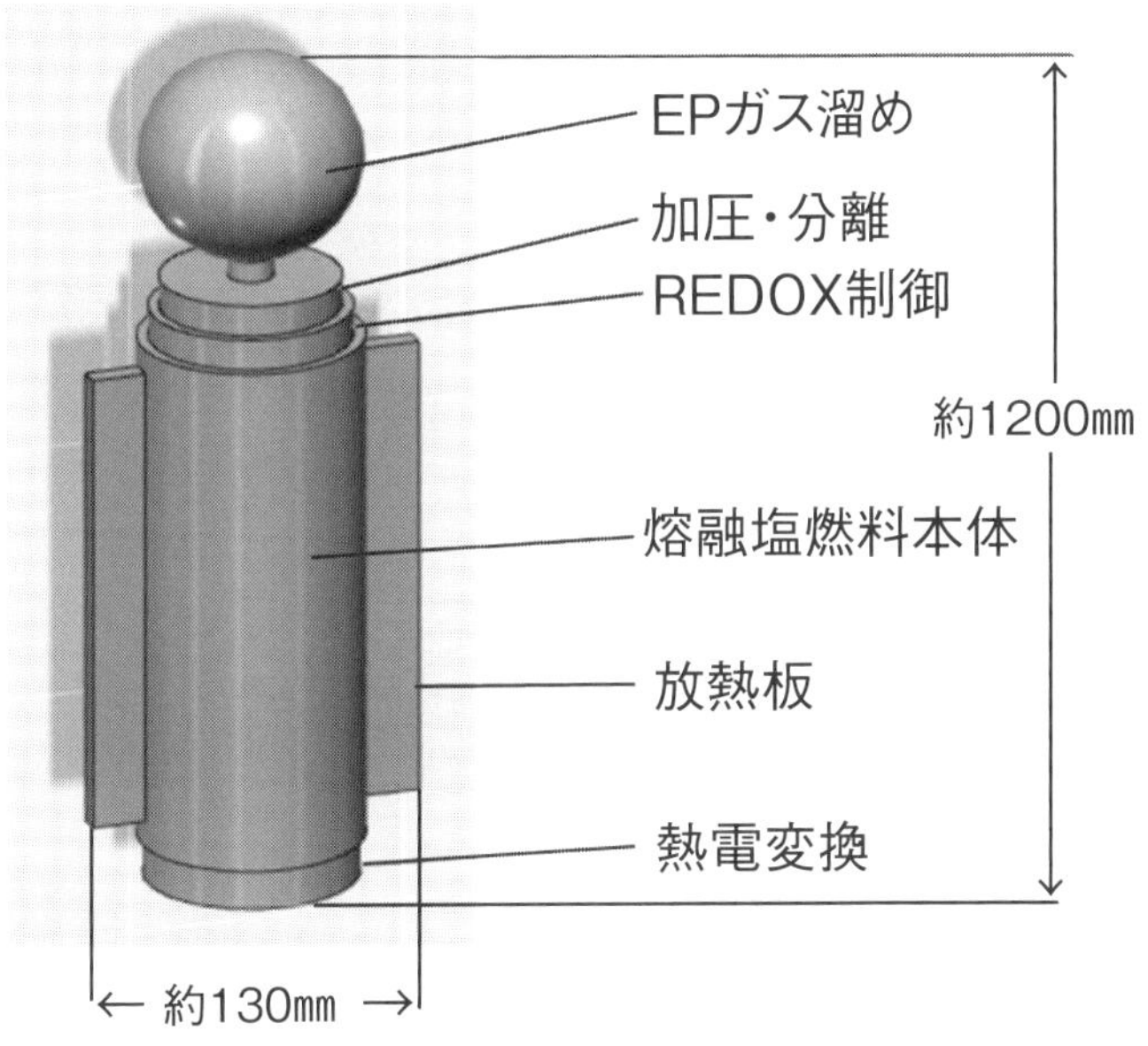

「R in R」

特許出願　2013―243620

その点、使用済み熔融塩液体燃料は溶解再処理が不要で、電気化学的な処理によって核反応阻害成分を取り除いて循環再使用できるため、ＭＯＸ燃料より優れています。

ＭＯＸ燃料（固体燃料）と熔融塩液体燃料の比較については、（表７）に示しました。

なお、私たちが提案したい「新しい核燃料サイクル」を（図９）に示しました。

「Ｒ．ｉｎ Ｒ」の開発に際しては、世界主要三四カ国が加盟する経済協力開発機構（ＯＥＣＤ）ハルデン炉プロジェクト、ＥＵＲＡＴＯＭ超ウラン元素研究所との国際開発プロジェクトを結成し、すでにＯＥＣＤハルデン炉プロジェクトとは熔融塩燃料照射試験のために原子炉の利用に関する覚書（本書１３９ページ）を交わし、開発への具体的な第一歩を踏み出しています。

MOX燃料（固体燃料）と熔融塩液体燃料の比較【表7】

	MOX燃料		RinR燃料		備考
製造上の問題	ウラン燃料に比べ放射能が高いため、燃料の製造（混合、焼結）については遠隔操作が必要	×	液体燃料であり、放射性物質フッ化物を溶融塩に溶解する作業のみでよく、焼結行程が無く遠隔操作は容易である	○	
耐熱性	ウランにプルトニウムを混ぜることにより、燃料の融点が下がる	×	液体燃料であり、もともと溶融しており融点は無関係	○	
再処理の容易さ	核分裂生成物が硝酸に溶解しにくいものが多いため、再処理が困難	×	液体燃料であるため溶解再処理不要。核反応阻害物を除去、循環使用する	◎	RinRの最大の特徴
ガス放出	FPガスとヘリウムの放出が多いため、燃料棒内の圧力が高くなる	×	燃料体の上部に耐圧ガス溜めを設けて対応する	○	
混合の均一性	性質の違うウランとプルトニウムを混ぜるため、不均一になりやすくプルトニウムスポット（プルトニウムの塊）が生じてしまう	×	フッ化プルトニウムをフッ化物溶融塩に溶かすため、完全に均一になる	○	
超ウラン元素（MA）の処理	MAX燃料は酸化物ペレットを、高い温度（例えば1700℃）で焼結してつくるため超ウラン元素（MA）を入れると蒸発する場合があり、超ウラン元素処理は困難	×	RinR燃料では、600℃以下の低温でフッ化物の放射性物質をフッ化物溶融塩に溶解して燃料をつくる。超ウラン元素フッ化物の蒸発の危険は無く、プルトニウムだけでなく超ウラン元素（MA）も溶解して処理できる	◎	

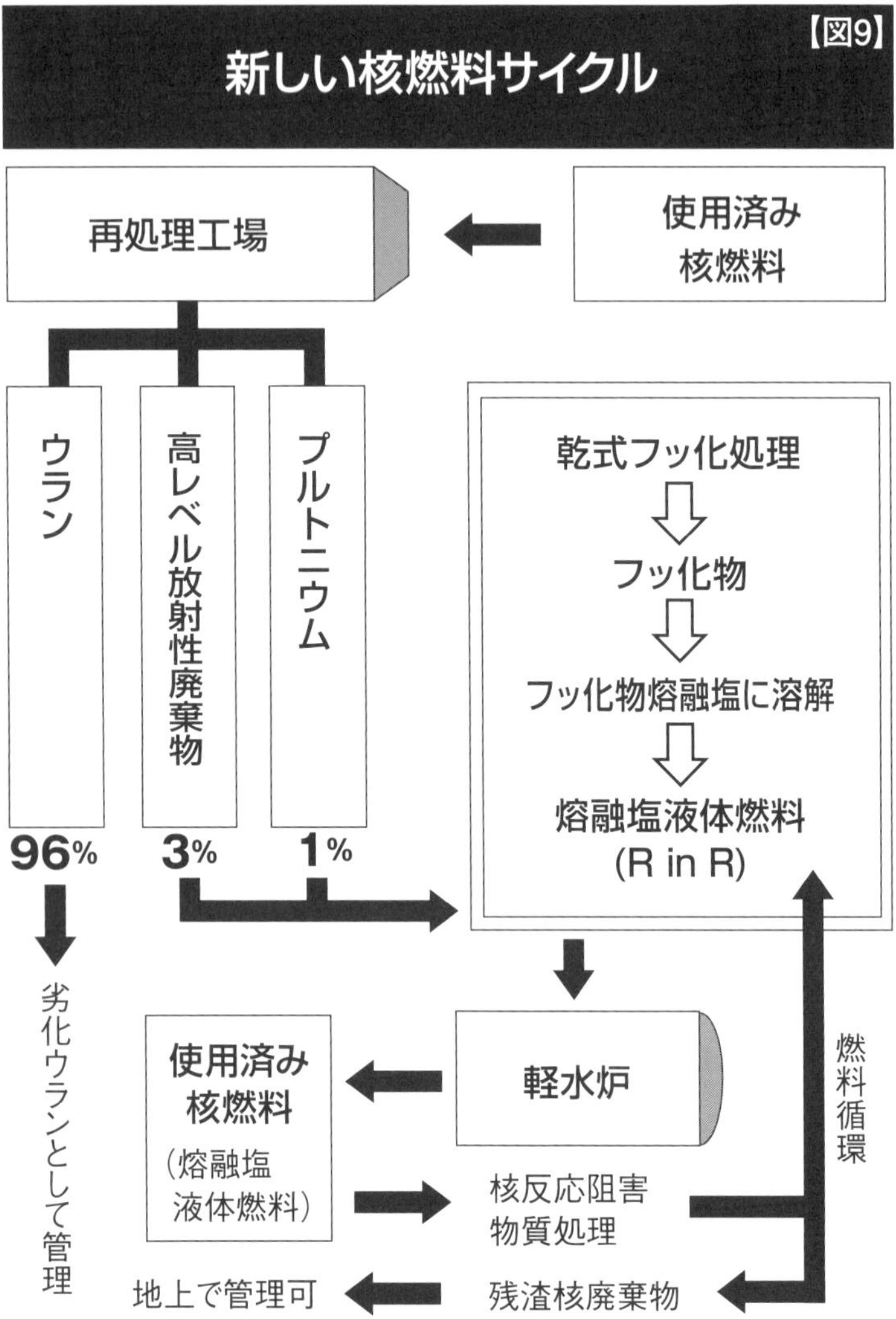
【図9】
新しい核燃料サイクル
再処理工場
使用済み
核燃料
ウラン
高レベル放射性廃棄物
プルトニウム
96%
3%
1%
乾式フッ化処理
フッ化物
フッ化物熔融塩に溶解
熔融塩液体燃料
(R in R)
劣化ウランとして管理
使用済み
核燃料
（熔融塩
液体燃料）
軽水炉
核反応阻害
物質処理
燃料循環
地上で管理可
残渣核廃棄物

OECDハルデン炉プロジェクトと（株）トリウムテックソリューションとの間で交わされた覚書（2014年4月）

MEMORANDUM OF UNDERSTANDING

Between the Institute For Energy technology/ Halden(IFE) and Thorium Tech Solution Inc.(TTS)

Based on discussions on 3rd April 2014 at the University of Tokyo in Hongo, and recognizing the vast potential of liquid nuclear fuel in the present nuclear industry, a formal memorandum of understanding has been agreed between the two above organizations as outlined below.

OBJECTIVE
IFE and TTS recognize the technological potential of liquid nuclear fuel, especially for the transmutation and reduction of excess Plutonium and Minor Actinides produced in commercial power reactors.　The main objective of the cooperation between IFE and TTS will be to evaluate the performance of the liquid fuel module, RinR (chemical reactor in nuclear reactor), as proposed by TTS.

CONDITION OF COOPERATION
Assuming TTS provides the budget for IFE to start preparation works for the Halden Reactor irradiation of liquid fuel for the above objectiveIFE agree to prepare a contract regarding the liquid fuel experimental irradiation test, performed with a Halden Instrumented Fuel Assembly (IFA) in Halden Boiling Water Reactor (HBWR). The work specifications will be detailed in the contract, based on the　discussions made　during the preparation of the budget.

On 3 April 2014

Carlo Vitanza
Consultant of Project Manager
OECD Halden Reactor Project

Yoji Minagawa
Chief Experiment Manager

Masaaki Furukawa
President
Thorium Tech Solution Inc.

Kazuro Furukawa
Management Consultant

Motoyasu Kinoshita
Project Manager

「Ｒ ｉｎ Ｒ」の開発は、プラントとしての原子炉の開発ではなく、新しい燃料体の開発であるため許認可取得も容易と考えられます。また、開発プロジェクトは民間で立ち上げましたが、公的資金の支援を得る形で進めることも検討されるべき余地があるでしょう。

私たちは「Ｒ ｉｎ Ｒ」を開発することによって、世界で初めて液体燃料を原子炉に使うことになります。第三章で紹介したように、中国が固体燃料を使い、熔融塩を冷却媒体に使うＦＨＲの開発からスタートする手法とは全く異なります。そして、開発費はおそらく中国の一〇〇分の一程度です。

「Ｒ ｉｎ Ｒ」の技術開発に四年、実用化までに六年を見込んでいます。

【ステップⅡ】「F３R」の開発

「ＲｉｎＲ」の開発によって確立した熔融塩燃料技術の展開として、次に熔融塩燃料・熔融塩冷却原子炉の開発に取り組みます。

この原子炉は、「ＲｉｎＲ」を八体束ねて熔融塩によって冷却する超小型炉（熱出力二〇〇〇kw）です。

熔融塩液体燃料のみを使うことから「Fluoride Fuel Fluoride-coolant Reactor」（略称「F３R」）方式による、低圧の乾式炉（水を使わない炉）です。その概念を（図10）に示しました。

【図10】

「F3R」の概念

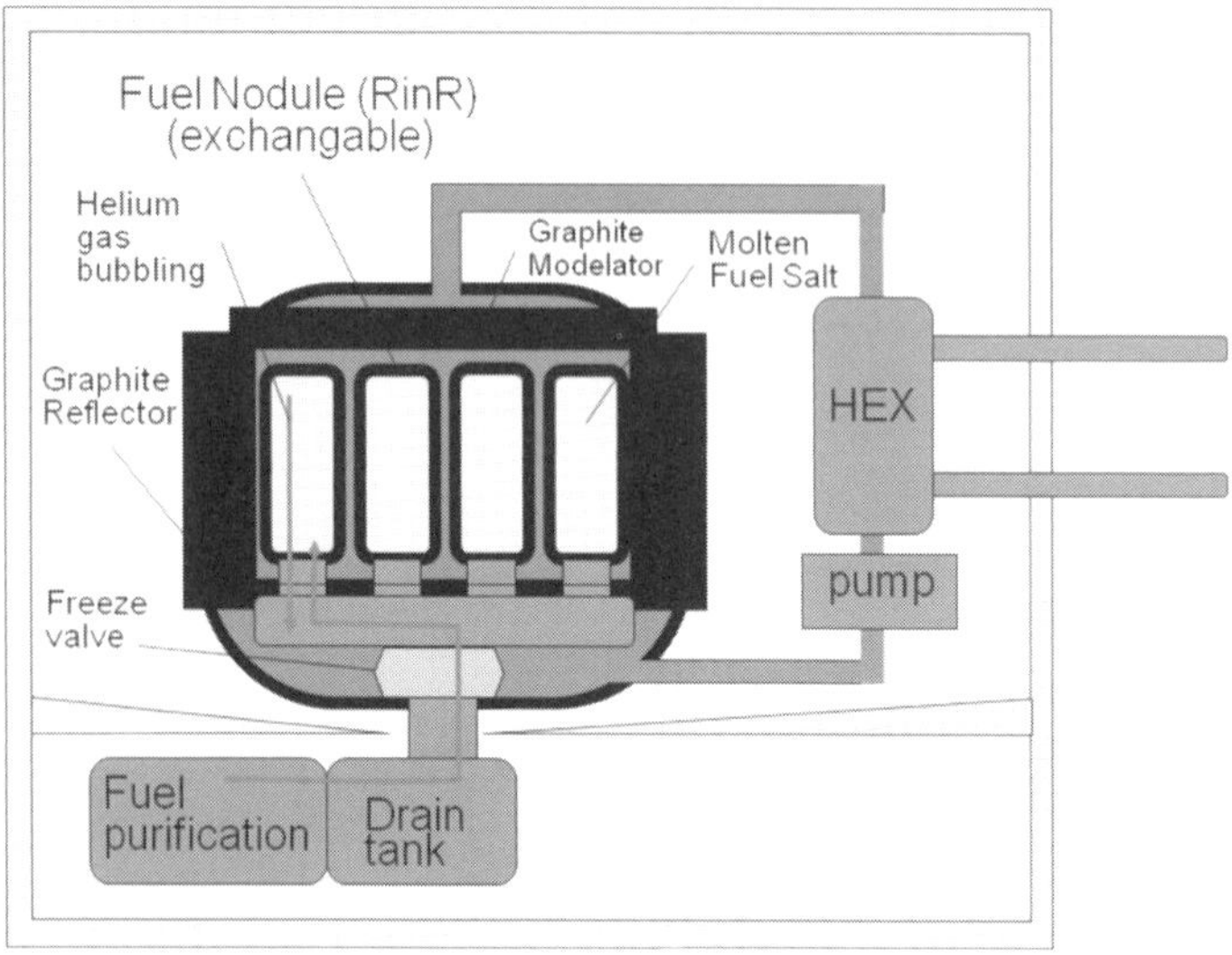

「F3R」は、
「R in R」の開発によって確立した熔融塩燃料技術の展開として、次に開発される熔融塩燃料・熔融塩冷却原子炉です。

特許出願　2014—165910

「F3R」の特徴は、以下の通りです。

①ボイラー同様の超高圧を使う軽水炉と違い、五気圧ほどの低圧力しか発生しないため安全対策コストが圧倒的に低コストである。

②軽水炉の燃料交換スキームと同じく、新燃料モジュールは炉心上部から炉心に挿入され、定期的に燃料体を交換する。

③燃料を付属する炉心構造体ごと交換可能な設計にすれば高照射・長期運転後に交換でき、メンテナンスが容易。

④燃料体（二Mw／一〇Mw炉では八体）は、下部プレナム配管に特殊継手により接続される。下部配管は地下のドレインタンクにフリーズバルブを通して連結される。

⑤液体燃料は、緊急時に重力落下にドレインされ、原理的な安全性（熔融塩炉の特徴）が保たれる。

⑥冷却系は燃料が循環しないため、FHRで開発される熱交換器をそのま

ま利用できる。メンテナンスや機器交換もＦＨＲと同じ技術で可能。

⑦ 定期的に炉心燃料をドレインタンクに落としてモジュール及び液体燃料の接触する配管を洗浄し放射能レベルを下げる。これによってロボットの運用領域を広めてメンテナンスを可能にする。

⑧ オンライン希ガス除去

燃料から発生する希ガス（キセノン・クリプトン）は、階下のドレインタンクに隣接する補助機器から送られるヘリウムによって、バブリングされ、階下のガス処理装置に回収される。

⑨ オンライン燃料化学処理

燃料の一部をオンラインで階下の化学処理装置に導き、ＦＰ（セシウム・ヨウ素）や中性子毒物の抽出・除去を行うことができる。これは熔融塩炉の特徴であり、ＭＳＢＲで期待された機能である。

【主要開発課題】

（1）炉心の成立性を、炉物理的、熱流動的に確認する必要がある。

（2）工学的には、炉心下部配管と「Ｒ ｉｎ Ｒ」とのジョイント開発が主要開発テーマである。

「Ｆ３Ｒ」は、熔融塩液体燃料を使い冷却媒体に別の熔融塩を使った二液炉で、この技術の延長線上に熔融塩液体燃料を冷却媒体としても使う一液炉の「トリウム熔融塩炉」があります。また、「原理的安全性」を持つという点で、次に開発する「トリウム熔融塩炉」と同じ特長を持っています。

私たちは、「Ｒ ｉｎ Ｒ」の開発と、それに続く「Ｆ３Ｒ」の開発によって、新しい液体燃料原子炉の時代を開拓します。

【ステップⅢ】「トリウム熔融塩炉」の開発

「トリウム熔融塩炉」の開発は、民間プロジェクトではなく、国家プロジェクトとして行うべきと考えます。その初期は一万kwの原子炉、そして最終的には二〇万kwの原子炉を開発します。

①一万kwトリウム熔融塩炉「m・i・n・i FUJI」の開発

古川和男グループによって設計は完成しています。実験炉の建設を経て商用炉を開発します。

②二〇万kwトリウム熔融塩炉「FUJI」の開発

軽水炉は一〇〇万kwが標準ですが、トリウム熔融塩炉は二〇万kwクラスの小型炉が標準です。標準タイプの「FUJI」の開発が、トリウム熔融塩炉開発の最終目標です。

「R・in R」の開発着手から「FUJI」の開発完了まで、約二〇年を見込んでいます。

［結　論］

私たちは、原子力は人類の叡智が生んだ優れたエネルギーであり、安価で安定したエネルギー源は原子力しかないという立場をとります。

そして、脱原発か？　従来の原子力路線の推進か？　という二者択一ではない、新しい「第三の道」を提案します。

「第三の道」とは、軽水炉に替わる原子炉として「原理的安全性」を有し、「低コスト」の電力を供給でき、「核不拡散」にも貢献する新しい原子炉「トリウム熔融塩炉」の開発を行うことです。

「Ｒ．ｉｎ Ｒ」の開発は、プラントとしての新しい原子炉の開発ではなく、新しい燃料体の開発という位置付けであるため許認可取得が容易と見込まれ、短期間での実用化が可能です。

さらに「Ｒ．ｉｎ Ｒ」は、原子力発電において最も差し迫って解決しなければならない使用済み核燃料の処理問題に極めて有効です。

【図11】

トリウム熔融塩炉 FUJI の完成予想図

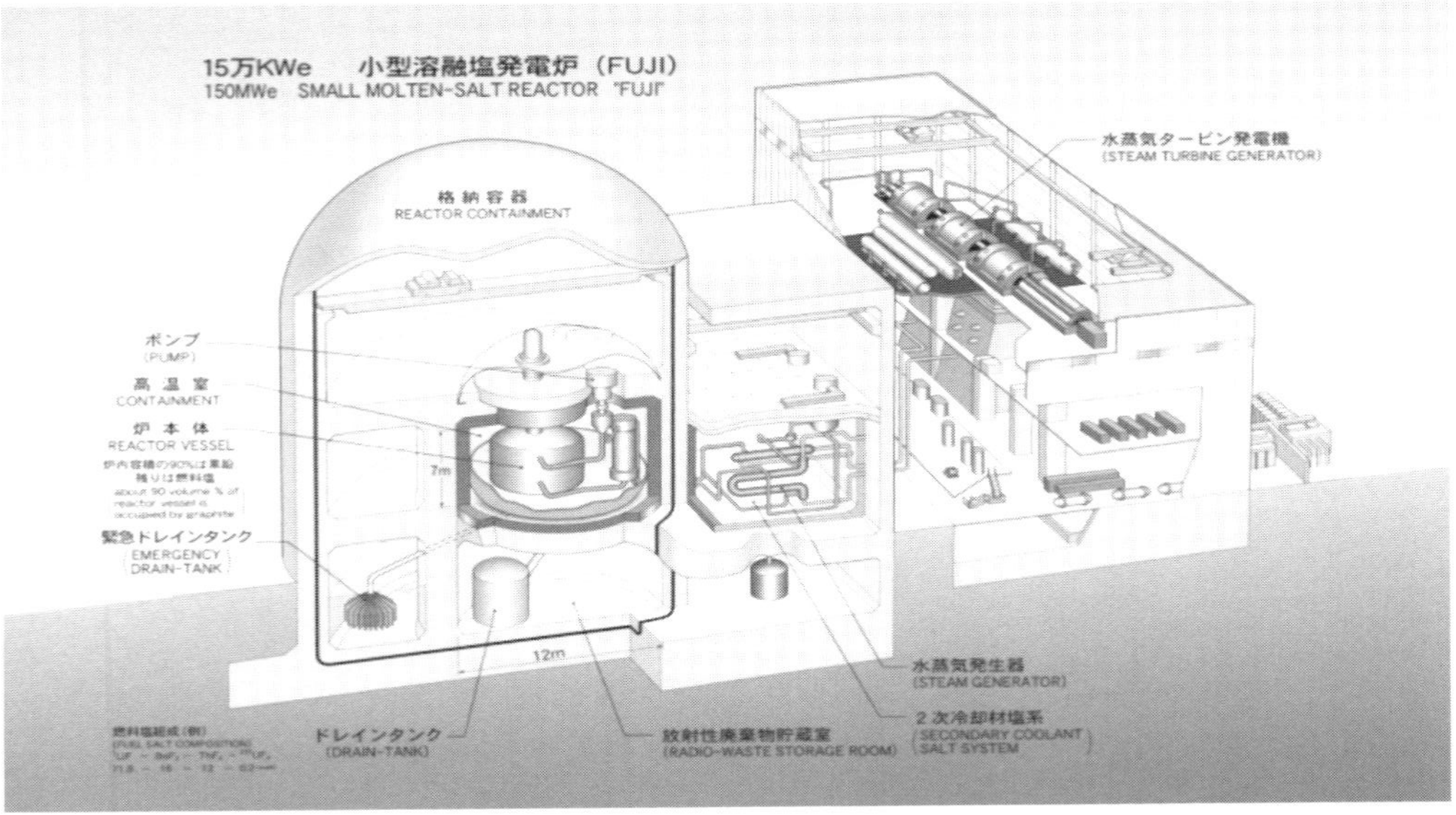

私たちは、世界で初めて実用炉に液体燃料を使い、引き続き世界初の超小型熔融塩液体燃料原子炉を開発した上で、現実的で着実な道筋を経て、最終目的の「トリウム熔融塩炉」を実現させます。

このことによって、原子力は戦争の道具としての長い歴史から解放され、真の平和のための道を歩き出すことになります。

今、私たちは、希望に満ちた新しい原子力の時代に向けた第一歩を踏み出した、との確信を深めています。

資料編

メッセージ

武蔵学園長、元東京大学総長
有馬　朗人

人々に原子エネルギーが受け入れられるとすれば、厳しい条件があります。それは、過酷な事故が起きてしまっても放射能の放出は無く、放射性廃棄物の発生量（最終残存量）が最小限で、エネルギーが低コストで発生できて、発生手段として持続性のあるものが求められます。

現在、原子力の最大の課題として、推進するにしても、反対し廃絶するにしても、使用済み核燃料の後始末をどうするかと言う共通の課題があります。

具体的には、残されている放射能、すなわち溜まっている使用済み核燃料の始末であり、更にまた福島第一原発の事故で炉心が溶けてしまった原子炉の廃棄（廃炉）をどのようにして行うかです。

廃炉で出てくる多量の使用済み核燃料の始末は、現実のテーマとして切羽詰った課題です。そしてどの原子炉にせよ使用済み核燃料中に溜まってしまったプルトニウム、すなわち核兵器への転用が可能な、余剰なプルトニウムの始末をどうするのかという大きな課題があります。

ところで現在原子力発電を廃絶するべきであると主張する方々は、使用を止めた炉の処理をどうするか実行策をまず決めて頂きたいと思います。そしてまた特に放射性廃棄物の最終処理所を至急に決めて頂きたいのです。それをしっかり決めないと現在の全ての原子炉がそのままで最終処理所ということになりかねません。

このように現在我が国では、放射性廃棄物の処理という、緊急に解決しなければならない課題があります。

ところでトリウム熔融塩炉は、放射性廃棄物の発生も非常に少なく、プルトニウムも発生しない、且つ使用済み核燃料の最終処理もしやすいという利点があります。したがって、トリウム熔融塩炉の技術開発を早急に進めるべきです。

この「緊急に求められている後始末という大問題を解決する仕事」に加えて、トリウム熔融塩炉の技術開発を行うことで、人も育つし、原子力に関わってきた多くの人達の職場も維持されます。

また、現在の原子力発電を続けていった場合、以上の問題以外にウラニューム235の涸渇に対処しなければなりません。その時代にトリウムは重要なエネルギー資源ですから、その利用法を今のうちに研究しておくべきではないでしょうか。

（二〇一一年一〇月一八日）

ウラン軽水炉とトリウム熔融塩炉の比較

	ウラン軽水炉	トリウム熔融塩炉
安全性	**事故の可能性が高い** ①制御ミスによる「暴走」 （例） 一九七九年、スリーマイル島原発事故（米国）。 一九八六年、チェルノブイリ原発事故（旧ソ連邦）。	**原理的安全性を持つ** ①液体燃料のため核物質が均一に分散し、原子炉内を循環。制御棒も必要がない。従って、「暴走」の危険はない。

②燃料のメルトダウン ③水素爆発（冷却水と燃料棒被覆ジルコニウムにより発生） ④高圧容器の破壊 （例） 二〇一一年、福島第一原発事故（日本）。
②もともと液体燃料のためメルトダウンはない。緊急時には、燃料を地下の冷却水槽内のドレインタンクに落とす。タンクには減速材がないため核反応は止まり、自然冷却。 ③水素爆発は起こさない（水を使わない乾式炉）。 ④高圧容器がないため破壊の危険性はない。 常圧で燃料が原子炉内を循環。万一、燃料が炉外に漏れても空気・水との反応性はなく、ガラス状に固まって、内部に放射性物質を閉じ込める。

ウラン軽水炉	トリウム熔融塩炉
使用済み核燃料の処理	
未確定	可　能
処理方法が未確定な上に、特に危険な長寿命超ウラン元素のプルトニウム・マイナーアクチニドの処理が未解決。 深地層埋設が検討されているが、地域住民の反対で行き詰まっている。	原子炉付帯設備で使用済み核燃料を化学処理し、循環再利用。危険な超ウラン元素を消滅させる。 化学処理により発生する少量の高レベル放射性廃棄物残渣は、原子炉敷地内で管理・保管し、原子炉敷地外に出さない。

コスト	10円以上／kWh	3円（目標）／kWh
	福島の事故以前は5～6円／kWhとされていたが、事故以降は安全対策にコストがかかり、新規建設の場合は10円以上になる見込み。これでは、もはや安い電源とは言えない。	構造が単純で安全性が高く、目標電力コストは3円／kWh。これは、最も低コストとされる水力発電と同等。
核拡散	危険性が大きい	危険性はない
	ウランを燃料としているため、核爆弾の燃料となるプルトニウムを作る。	トリウムからもプルトニウムはできるが、極めて少量（生成量はウランの1000分の1程度）。

ウラン軽水炉	ウラン軽水炉が世界中に普及することで、原子炉からプルトニウムを取り出して核武装する危険性が高まる。
トリウム熔融塩炉	トリウム熔融塩炉の普及は、核拡散の危険性を防ぐことに通じる。また、世界中の軽水炉の使用済み核燃料に大量に貯まっているプルトニウムを、トリウム熔融塩炉で消滅処理することができる。

液体燃料による原子力再構築の概念

プロセス1
――使用済み核燃料の減量

①軽水炉の使用済み核燃料を乾式フッ化処理する。

②ウラン酸化物を、ウラン・セラミクス燃料製造・焼結工程を経て、軽水炉で燃料として使用する。残渣を、当初の四％に減量する。

プロセス2
――トリウム熔融塩炉処理によるプルトニウム消滅・高レベル放射性廃棄物の非埋設処理

①乾式フッ化処理をしたフッ化物をトリウム熔融塩炉で処理、プルトニウムを消滅し、高レベル放射性廃棄物を減量する。

②トリウム熔融塩炉処理により大量に発生する熱は電気に変え、売電により処理費用を賄う。

③トリウム熔融塩炉処理で残った少量（一％以下）の高レベル放射性廃棄物は、単一成分に分離・保管し、有効な用途を見つける。これにより、従来のような埋設処理は不要になる。

※乾式フッ化処理及びトリウム熔融塩炉処理で残った低レベル放射性廃棄物の残渣（少量）は、廃棄処理する。

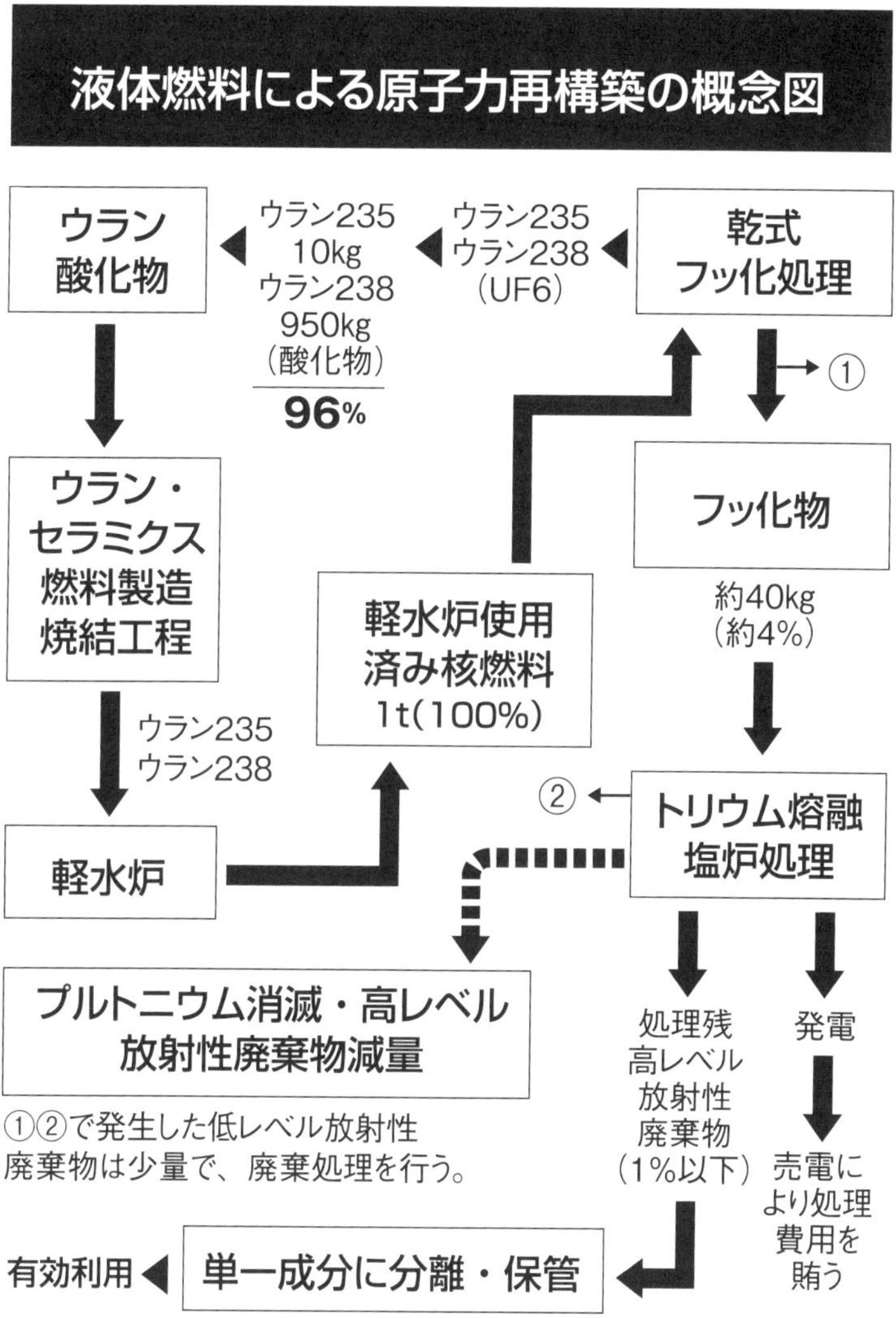
液体燃料による原子力再構築の概念図
ウラン酸化物
ウラン235
10kg
ウラン238
950kg
（酸化物）
96%
ウラン235
ウラン238
（UF6）
乾式フッ化処理
①
ウラン・セラミクス燃料製造焼結工程
フッ化物
約40kg
（約4%）
軽水炉使用済み核燃料
1t（100%）
ウラン235
ウラン238
軽水炉
②
トリウム熔融塩炉処理
プルトニウム消滅・高レベル放射性廃棄物減量
処理残高レベル放射性廃棄物（1%以下）
発電
売電により処理費用を賄う
①②で発生した低レベル放射性廃棄物は少量で、廃棄処理を行う。
有効利用
単一成分に分離・保管

液体燃料による原子力再構築の初期のロードマップ

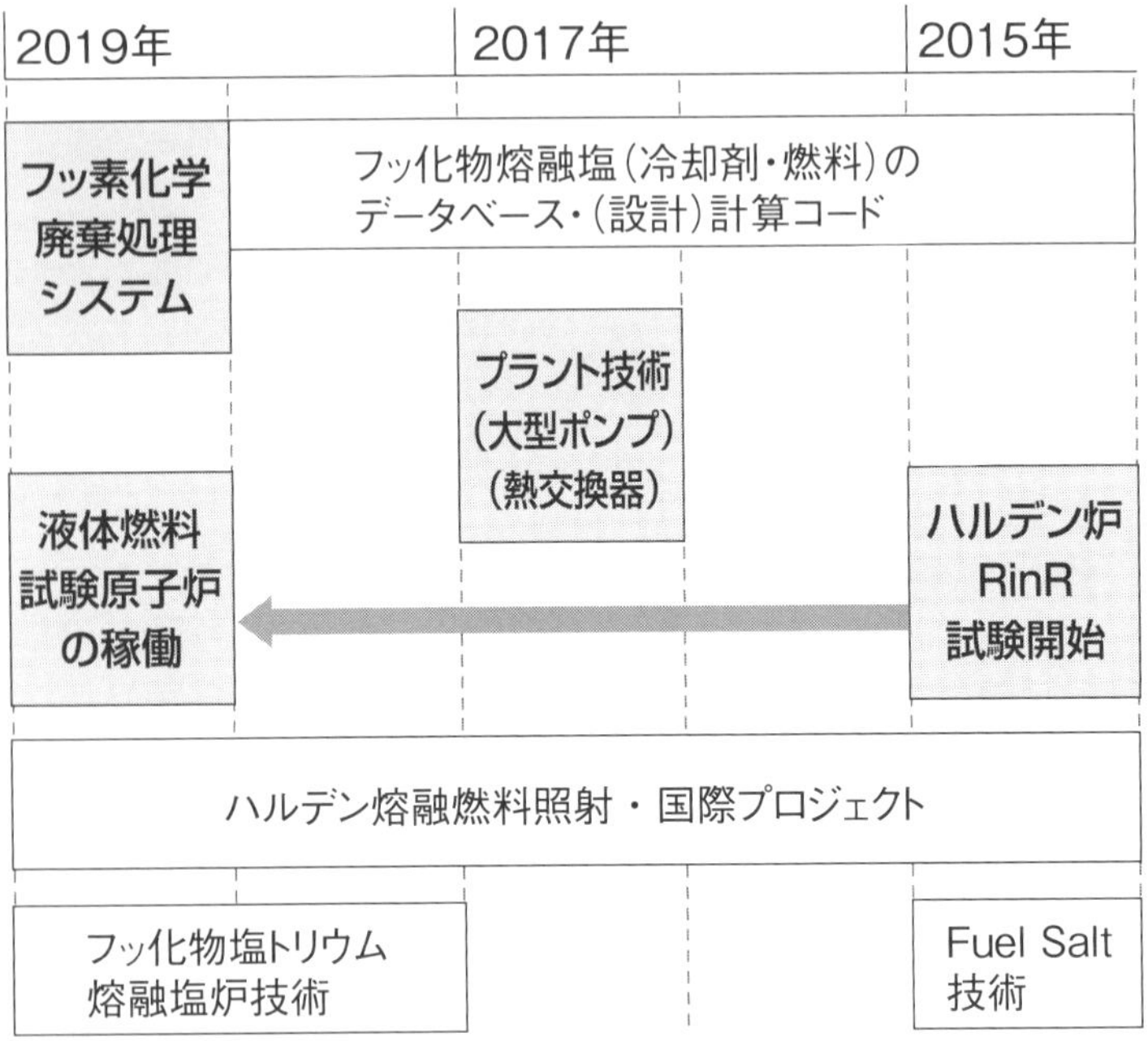

課題項目

○フッ化物の一般・取り扱い技術（データベース）
○フッ化物塩機器の設計・製造技術（ノウハウ）
○フッ化物塩の化学処理／計測制御技術
○フッ化物・フッ化水素の密閉循環〝基幹〟技術
（腐食・応力変形・熱流動）（クラッド堆積、加齢過程の制御）
○フッ化物プラント技術（大型ポンプ、熱交換器）

原子力産業へのご提案

フッ素化合物に依る新しい技術世界（乾式技術）の構築

原子力産業で早急に処理すべき事は、福島原発の熔融した原子炉炉心を始末する事及び、日本国内に存在する使用済み核燃料を処理する事にあります。これ等を解決するには、フッ素化合物に依る新しい技術、即ち乾式技術の開発を推進すべきであります。

二十一世紀における新たな技術世界の構築にあたっては、（1）強力な化学処理、（2）高温度での安定性、の二つの先端性を内在する「フッ素化学の技術」を世界に先駆けて開発し、先行することで、新しい産業の基盤を構築することを提案するものであります。

福島第一原子力発電所の熔融して固まった炉心は、そのままにしておけば、放射能汚染の問題は終わらず、何時の日か、汚染水や地下水の凍結を解除する時が来て、問題が発生します。熔融固化した炉心に対し、隔離、分別、減容、そして福島から撤去に至る、始末の為のフッ化物を用いた技術を開発することが肝要であります。

原子炉の使用済み燃料の処理として、湿式法の六ヶ所村の再処理プラントの工場が建設されて稼働はして居りますが、この方法は米ソの冷戦時代に純粋なプルトニウムを取り出す方法として開発されたものであり、今の時代では、廃棄物を最小にし、扱いやすい成分に分離可能な、新しいシステムの開発が必要とされているのです。

これらを推進する技術を大別しますと二つに分類されます。

（1）フッ化物の世界の技術の構築

（2）液体燃料原子炉の稼働による燃焼技術

これらを並行して進める事を提案します。

前者のフッ化物の世界は、酸素と水との世界とは相容れない性格をもち、技術開発に困難はありますが、原子力再生の切り札になる技術です。

この開発は、ロシア、チェコで継続され、近年になりフランス（マルクール）、欧州共同体（カールスルーエ）で新しく試験設備を設置し稼働を始めています。日本は、核廃棄物処理の技術開発に於いて、フッ化物を利用した乾式技術で世界をリードすべきと考えます。

更にここで、Ｄｅｅｐ Ｂｕｒｎと言う考え方を提案します。

Ｄｅｅｐ Ｂｕｒｎとは、核廃棄物を可能な限り、核反応で燃やし切ってしまうという意味です。この技術の開発が、廃棄物の量を最小にする鍵となります。

その概念を、現実にするには、その為に最適な原子炉が必要です。それが、フッ化物の液体燃料を用い、トリウムを用いた「トリウム熔融塩炉」です。

しかし、液体燃料の原子炉で、プルトニウムと長寿命放射性廃棄物を処理する技術は新しい技術です。

そこで、まずその第一歩として、自ら核反応する原子炉ではなく、稼動している原子炉を利用してプルトニウムと長寿命放射性廃棄物を処理する為の新しい技術開発Ｒ．ｉｎ Ｒ「Ｒｅａｃｔｏｒ．ｉｎ Ｒｅａｃｔｏｒ」を行うことを提案します。Ｒ．ｉｎ Ｒとは、既存の原子炉の燃料集合体の一部をフッ化物熔融塩が入ったミニチュア原子炉と置換し、このミニチュア原子炉でプルトニウムや長寿命放射性廃棄物を燃料として燃焼処理する技術であります。

二〇一五年以降には実験用原子炉を持つノルウエーのハルデン研究所との提携に於いて、国際プロジェクトとして開発を行う予定であります。

更に、Ｒ．ｉｎ Ｒの開発に次いで、「トリウム熔融塩炉」の開発を行うことを提案します。

フッ化物熔融塩を使った「トリウム熔融塩炉」は、一九六〇年代に米国オークリッジ国立研究所で、試験炉（ＭＳＲＥ）として、四年間稼働し、基本技術としては一度確立されています。これを復活させ、近代の精密技術に依って再生させる事に努力を続けてきたのが日本人の古川和男博士であり、日本には技術の蓄積があります。

核廃棄物の処理を中心としたフッ化物熔融塩を利用した乾式技術の開発とフッ化物熔融塩を利用した新しい原子炉の開発は、行き詰まり状態にある日本の原子力産業の救世主として、新しい未来を約束するものと信じるものです。

あとがき

本編で書き留めることができなかった事柄を、ここで述べたいと思います。少々長めの「あとがき」になりますが、ご容赦ください。

■トリウム熔融塩炉・余録

トリウム熔融塩炉開発の第一人者・古川和男博士は生前、新聞投稿用の原稿にこんな一文を書かれています。

『なぜこれが世に出なかったのか？　一つは核冷戦であるが、また基本技術が余りに優れ余りに僅かな人員資金で、当時は最僻地のオークリッジ研究所のみで進められ、事故がないので世に知られなかった。（私は）彼らの初期の「熔融塩増殖炉」構想の困難を打開した新構想を一九八〇年に提案したが、自民党が早速、超派閥一〇〇名の議員懇話会を発足させた位である。その後、技術内容も拡充され、一九八三、九〇年にソ連、一九八七年にフランス電力庁が共同研究を提案してきた。二〇〇二年にはＯＥＣＤ・ＩＡＥＡが共同推薦した。米国・ロシア政府も認知している。』（〇五年二月／表記の一部を著者が手を加えました）

残念ながら、この投稿は新聞に掲載されませんでした。オークリッジ研究所のトリウム熔融塩実験炉が「事故がないので世に知られなかった」という古川博士の指摘には、深い洞察が読み取れます。

たしかに、軽水炉が安全に運転される限り、使用済み核燃料の問題は残るにしてもわざわざトリウム熔融塩炉を作る必要はありません。ところが、軽水炉の事故が起きた途端、「トリウム熔融塩炉では過酷事故は起きない」という主張は、たちまち「原発反対」の声にかき消されてしまいます。

二十一世紀の「原発」の在りようを考えると、この論議のジレンマをそろそろ解消しなければならない時がきているのではないでしょうか。

■ボーア博士のこと

第二章（58ページ）で記したように、その仮説（原子核分裂の予想）が悪用されて原子爆弾を生んだ、二十世紀を代表する原子物理学者のN・ボーア博士は、私の大学時代の恩師・福田光治先生の師でした。僭越ながら、私はボーア博士の数多いる孫弟子の一人ということになります。

福田先生から伺った、ボーア博士の逸話の一端をご紹介します。
① ボーア研究室には物理関係の専門書は一冊もなく、哲学書ばかり並んでいたそうです。私はその話から科学者には哲学が大事で、研究を一歩先に進める上では物理の知識をいったん〝無〟にする必要があると痛感しました。

西洋哲学で私が最も影響を受けたのはソクラテスで、「ソクラテス式問答法」は、研究・開発にあたる際の手引きとなりました。これに倣って私は仮説を立てる前に、あらゆる現象に対して疑問をぶつけて見て、そこに共通点を見出すように努め、この手法を私なりに〝ソクラテス式発想〟と呼んでいました。

ソクラテスの弟子・プラトン以来の西洋哲学は、事物と思考、実在と観念、感性と理性、霊魂（心・精神）と身体（肉体）というように、相対する概念を「二元論」として成立させることで哲学的課題を形成する方法（弁証法）を用いてきました。そして、古代ギリシャでは「精神と肉体が調和した〝全人的教養人〟」が理想とされ、それに必要な知識が学問として提示されたのです。

従って、科学は本来、哲学から派生した学問である以上、科学に携わる人は西洋哲学を勉強しなければならない、というのが福田先生の教えでした。また、大学院では上田大助先生に西洋哲学史をベースにした理論の立て方を教えて頂きました。

大学と大学院で電気工学を学び、社会に出てエンジニアになった私の念頭から片時も離れなかったのは、学生時代に自ら創り出した「科学する心」というキーワードです。

科学技術には、その基礎となる理論があります。理論を確立するには、仮説（推論）を立て、それを実験で検証（実証）しなければなりません。検証されてはじめて、仮説が正しいことが分かり、理論が確立するのです。

二〇一四年の〝STAP細胞騒動〟は結局、仮説が検証されずに幕引きとなりましたが、科学者たちに仮説を〝捨て去る勇気〟があったなら、あれほどまでの混乱を引き起こさずに済んだのではないかと思われます。実は、この〝捨て去る勇気〟も「科学する心」に由来するのです。

② ノーベル物理学賞を受賞後、ボーア博士はベルリン大学に招かれて講演をしました。ベルリン空港に降り立つと通路にレッド・カーペットが敷かれ、まさに国賓級の待遇だったそうですが、帰国（デンマーク）後、博士が福田先

生にそっともらした言葉は「記念品やお土産はたくさん貰ったが、講演料はなかった」でした。私は、この大科学者に〝人間味〟をおぼえると共に、この逸話から金銭感覚の必要性を学び取りました。

若い頃はとかく、理想が第一でお金は二の次と考えがちですが、理想を成就しようとする時、必要になるのはお金です。後に私が起業をした際、この逸話が非常に役立ち、相手が何を求めているのかを知ることが大事だと、現在に至るまで訓戒としています。

「人生に必要なものは勇気と創造力。そして、ほんのちょっぴりのお金」とは、ナチズムや機械文明を痛烈に批判したことで知られる喜劇王チャップリンの名言です。

■自然と科学

日本原子力研究所の研究員を経て、私の母校・中央大学で教鞭をとられた舘野淳氏は、著書「廃炉時代が始まった―この原発はいらない」(朝日新聞社・二〇〇〇年一月)で次のように述べています。

『事故を支配する自然と向かい合い、理解しようと努めているのは科学者である。扱い方を誤ると「自然」は人間に復讐するという。科学的認識がねじ曲げられ、政治優先・経済優先でことをはこぶなら、巨大地震の発生という形で人間は「自然」に復讐されるだろう。』

この本が出版されたのは、福島の原発事故の一一年も前である点に、注目すべきでしょう。そして、私が共鳴したのは、次の一節です。

「科学によって出現した原子力は、肯定するにせよ否定するにせよ、科学的根拠によって判断しなければならない。」

自然科学は、自然をどう捉えるかを主題にした学問です。

科学技術は、人間が全知全能を傾けて、自然を利用することで発展してきました。言わば〝人間中心〟の自然観に立脚しているのです。この「人間至上主義」とも言うべき生き方が、地球環境を破壊してきたことは周知の通りです。福島の原発事故にもそうした背景があることは否定できないでしょう。事故は、人間が自ら招いた〝人災〟であると共に、自然にとっても〝人災〟にほかなりません。

今こそ、自然を科学技術によって支配しようとするのでなく、科学技術の成果を自然と折り合いが付くような形でコントロールすべきではないかと思います。そのために必要なのが、自然に対する〝畏敬〟であり〝感謝〟の念です。この視点を欠いては、人間と自然が調和し未来を拓く科学の発展はあり得ないでしょう。

私が生れ育った長野県松代は自然豊かなところで、子どもの頃は山や川、野原が遊び場でした。自然の中での遊びは、危険なこともたくさんありました。ヒヤリとしたり、怪我をするたびに、自然との付き合い方の〝加減〟を子ども心に刻み付けたものです。

自然の中での遊びをあまりしなくなった現代っ子は、自然から学ぶべき危険に対しても鈍感になっているような気がします。それが、大人になった時の危機意識の欠如、危機対応力の低下につながってくるのではないでしょうか。

そもそも日本人は、ものごとを相対的に捉えるのが得意な民族です。それは、自然との付き合い方を見ても分かります。四季の移ろいに敏感に反応して生活文化に昇華させてきた日本人の美意識を、外国人は高く評価しています。これは、自然を人間のために徹底的に利用することを目指した西洋の科学文明とは、対極的な自然観です。

また、相対的にものごとを捉えられる特質は、科学にとって大事な〝客観視〟に優れているということです。にもかかわらず、「原発」の〝安全神話〟を信じさせられてしまったのは、戦後教育にも問題があったように思うのは私だけではないはずです。

私をトリウム熔融塩炉に開眼させてくださった有馬朗人先生は、読売新聞の連載コラム「指導者考」（二〇一二年二月一〇日付）で、「教養教育」の必要性を挙げつつ、次のように述べておられました。

「旧制高校では、理科系も歴史を、文科系も自然科学をしっかり学んだ。平成に入って大学の教養学部を解体したのは大失敗だった。受験エリートでなく、幅広い教養と体力、意欲を備えた本物のエリートを育てるべきだ」

私も同感で、加えて、自然を畏れ、自然を愛するということが、二十一世紀の科学に携わる人々にとって絶対的な必要条件ではないかと主張したいのです。

■私の人生観

八〇歳を前にして来し方を振り返って見ますと、色々な方々のお蔭で今日の自分が在ることに改めて感謝の思いがこみ上げてきます。心の底から「本当に有難うございました」と声を大にして叫びたい思いです。

両親、兄弟をはじめ妻や子どもたちは当然のこと、人生そのときどきに出会い、友誼を結んで頂いた方々との交流の中で、私は一歩一歩前を向いて進んでくることができました。その前提として、お会いしたほとんどの方とは、常に一歩踏み出す、即ち出会いに対して〝挑戦する〟ことを心掛けてきたのです。残念ながら深いお付き合いまでには至らなかったケースが大半でしたが、その一歩を踏み出した方の中には私の人生に大きな影響を与えた、言わば〝運命の人〟との出会いがありました。それによって我が人生は〝使命〟に燃え、突き進むことに発展してきました。〝運命的出会い〟の賜物であると、しみじみ思う今日この頃です。

人にはそれぞれ、持って生まれた〝宿命〟があります。しかし、人生の上で〝運命的出会い〟から〝使命〟を見出して燃え尽きることができるかどうかは、ひとえに自分の判断や生き方で決まってしまいます。従って私は、〝運命的出会い〟では、常に一歩踏み出せる力を持つことがチャンスを逸しないためにも大事と常々思い、さりとて一歩踏み出す〝勇気〟がないために、自らの人生を前に進められないケースをたくさん目にしてきました。私たちが自分の判断で自由に生きられるのは、〝運命的出会い〟に対して挑戦し、その中に見出した〝使命〟に燃える時ではないでしょうか。

そう考えると、我が人生はまさしく、〝宿命〟に生き、〝運命〟に挑戦し、〝使命〟に燃え、そして〝天命〟に従ってきたように思います。

図らずも人生の最晩年に、科学技術の最先端をいく「原発」の悲惨極まりない事故に遭遇しました。そして、これを契機に知ったのがトリウム熔融塩炉でした。この研究開発に余生の全てを傾注することが、私の今生の〝使命〟であると決めたのです。

そんな折り、前著の発行元・ごま書房新社の池田雅行社長のお勧めがあり、急遽、本書の執筆をすることになりました。三・一一に間に合うように前年一二月より起筆し二カ月余で脱稿せざるを得なかったため、不十分な点も多々あろうかと存じますが、斟酌願い上げます。

なお、トリウム熔融塩炉については主に古川雅章さんが提供してくださった資料を援用させて頂いたことで、何とかまとめ上げることができました。また、前著に引き続き構成・編集に松嶋健壽さんと安部直文さんの助力を得ました。これらの方々には深く感謝申し上げます。加えて、間もなく齢八〇になろうというのに家に落ち着こうともしない夫を支えてくれている妻・佳世にも改めて感謝、感謝です。

二〇一五年二月一一日

著者 識

●著者プロフィール

金子　和夫（かねこ　かずお）

一九三五年、長野県松代町に生れる。中央大学工学部卒業、同大学院修士課程修了。日本エンジニアリング株式会社を創業し、同社を半導体検査装置の分野でのリーディングカンパニーに押し上げる。神奈川県中小企業家同友会代表としても活躍し、朝日新聞「かながわ100人の肖像」で紹介される。

現在は、アイコンテクノ株式会社代表取締役会長、株式会社トリウムテックソリューション取締役会長のほか、「国家ビジョン研究会」統轄会議税制調査分科会メンバー、一般社団法人環境政策フォーラム会長、中央大学商議員及び同大学学員会川崎白門会会長を務める。

「原発」、もう一つの選択

著　　者　金子 和夫
発 行 者　池田 雅行
発 行 所　株式会社 ごま書房新社
〒101-0031 東京都千代田区東神田2-1-8
ハニー東神田ビル5F
TEL　03(3865)8641(代)
FAX　03(3865)8643
カバーデザイン　㈱オセロ
D T P　田中敏子(Beeing)
印刷・製本　東港出版印刷株式会社

ISBN978-4-341-08608-4 C0030